In Liebe zu meinem Rudel,

Noah und Jordyn

Titel der Originalausgabe: Enlightened Dog Training

Herausgegeben von INNER TRADITIONS INTERNATIONAL LTD., ROCHESTER, VT 05767 USA

Dieses Werk wurde vermittelt durch die Literarische Agentur Thomas Schlück GmbH, 30161 Hannover.

Jesse Sternberg:
Achtsames Hundetraining
© Lüchow in Kamphausen Media GmbH, Bielefeld 2023
info@kamphausen.media
Übersetzung: Yutta Klingbeil
Lektorat: Ulrich Magin

Umschlaggestaltung: Wilfried Klei
(nach amerik. Original)
Umschlag-Motiv: © Findhorn Press
Illustrationen: Findhorn Press
Layout/Satz: Wilfried Klei
Druck & Verarbeitung:
CPI books GmbH, Leck

www.kamphausen.media

1. Auflage 2023

Bibliografische Information der Deutschen Nationalbibliothek

Die Deutsche Nationalbibliothek verzeichnet diese Publikation in der Deutschen Nationalbibliografie; detaillierte bibliografische Daten sind im Internet über **http://dnb.de** abrufbar.

ISBN Printausgabe: 978-3-95883-607-5
ISBN E-Book: 978-3-95883-608-2

Wie hat dir das Buch gefallen?
Teile gern deine Meinung mit uns!

https://www.kamphausen.media/achtsames-hundetraining/t-9783958836075

JESSE STERNBERG

ACHTSAMES HUNDETRAINING

Gelassener Mensch
Gelassener Hund

Lüchow

Vorwort

Es war an einem Freitagmorgen, halb sieben in der Früh. Ich war schon ganz in meinem Element. Die frische Luft des kanadischen Herbsts hinterließ ein Brennen auf meinen Wangen, als ich mit meiner haarigen Geschäftspartnerin ins Büro kam: meiner geliebten vierjährigen Schäferhündin Maydel, der Inspiration hinter allem. Zu dieser Tageszeit fühlte ich mich sehr wohl dabei, meine verschlafene Begleiterin ohne Leine auf dem Gehweg hinter mir herlaufen zu lassen.

Sie folgte mir treu und ignorierte die Mülltüten, Eichhörnchen und Jogger, die sie für meinen Geschmack viel zu sehr in Versuchung bringen wollten. Ich vertraute ihr, sie vertraute mir. Ich bemühte mich, sie nicht mit Argusaugen zu beobachten. Meine Körpersprache hätte ihr sonst ein Gefühl der Angst vermittelt, dass sie etwas falsch macht. Das hätte gereicht, um meine entspannte Alpha-Kraft zu schwächen.

Obwohl ich Maydel die meiste Zeit des Spaziergangs den Rücken zugekehrt hatte, war ich dennoch nicht unaufmerksam. Ich konnte die Geräusche ihres Halsbandes hören, wenn sie mal schneller, mal langsamer ging, je nachdem, was ihre Nase unterwegs alles aufspürte. Mein zotteliger Guru hatte sich diese Art der Freiheit mit mir verdient. Ich wusste, sie würde jederzeit zu mir kommen, wenn ich sie riefe. Ich wusste auch, dass sie sehr wahrscheinlich irgendwo ihr Häufchen machen würde, das ich einsammeln müsste. Auch wenn es so aussah, als wäre ich distanziert (ein unverkennbares Merkmal eines Alphas), war meine ganze Aufmerksamkeit doch auf den gegenwärtigen Augenblick gerichtet.

Wie immer meditierte ich während unseres Spaziergangs. Ich lief aufrecht und locker, und meine Füße verbanden sich bei jedem Schritt mit der Erde. Meine Bewegungen waren fließend und von einer rhythmischen Anmut, und durch meine Kopf-Herz-Verbindung strahlte ich geschmeidig ein Gefühl des Wohlwollens aus. So bewegen sich Tiere, wenn sie friedlich sind, deshalb sollte sich ein entspannter Alpha auf die gleiche Art bewegen. Wie sonst können wir unseren Hunden zeigen, dass wir die Geheimsprache der Hunde beherrschen? Damals wusste ich noch nicht, dass mich die Arbeit mit Hunden verändern würde. Ich sollte selbst zu einem sehr hoch entwickelten Tier werden und gewann dabei sogar übernatürliche Fähigkeiten.

Um sechs Uhr fünfundvierzig, auf den Punkt genau, liefen wir durch die schmale Gasse zum Hintereingang meines Geschäfts. Ich betrat den Laden gern um diese Uhrzeit. Es war immer so schön ruhig, sauber und Zen-ähnlich. Ich schloss die Tür auf, schaltete die Lichter ein und holte mir anschließend schnell einen Kaffee von der anderen Straßenseite. Eigentlich hatten wir erst ab sieben Uhr morgens geöffnet, aber oft kam ich zurück und fand bereits zwei oder drei Hunde, die sich selbst hereingelassen hatten. Sie waren Stammkunden und brauchten mich nicht zu begrüßen. Am frühen Morgen war das die Aufgabe von Maydel. Außerdem hatte ich getrennte Einweg-Hundeklappen eingebaut und diese Klienten für solche Fälle trainiert.

Es war nun Viertel nach sieben, und eine Schar von elf vertrauten Hunden hatte sich bereits eingefunden und niedergelassen. Ich hatte meinen Kaffee ausgetrunken, das Räucherwerk angezündet, und im Hintergrund spielte sanfte klassische Musik. Ich war organisiert, energiegeladen und fühlte mich von innen heraus sehr präsent. Ich saß in meinem Meditationssessel in der hintersten Ecke meiner Hundetagesstätte. Neun der Hunde hatten sich um meine Füße herum versammelt. Sie saßen oder lagen in der Form eines Halbkreises. Es fühlte sich so an, als wären unsere Bewusstseinszustände alle miteinander verschmolzen, was die ruhige Aufmerksamkeit in mir noch verstärkte.

Ich hatte kein einziges Wort mit den Hunden gesprochen, seit sie angekommen waren. Ich hatte sie auch nicht berührt oder zugelassen, dass sich mein Oberkörper direkt auf sie zuneigte. Stattdessen richtete sich meine Aufmerksamkeit hauptsächlich auf die Glocken, die an der Eingangstür hingen. Eine wichtige Aufgabe eines entspannten

Alphas besteht darin, den Schutz des Territoriums zu demonstrieren. Gemessen an der entspannten Energie meines Rudels, hatte ich diese Grundlage eindeutig geschaffen.

Obwohl das Licht im Geschäft brannte, hätte der leere Empfangsbereich neue Kunden zunächst verwirrt. Dieser war wie immer nicht besetzt. Ich wollte nämlich keine Kunden vor neun Uhr empfangen – diese beiden ersten zwei Stunden waren heilig für mich. In dieser Zeit stimmte ich die Hunde auf den ganzen Tag ein.

In den nächsten Stunden klingelte das Telefon bis zu einem Dutzend Mal und weitere zehn bis fünfzehn Hunde kamen an. Ich sprach mit den Besitzern, als sie ihre Haustiere abgaben, notierte Buchungen und hörte mir die Pflegeanweisungen an. Während alldem achtete ich darauf, die richtige Körperausrichtung zum Rudel einzuhalten, damit sie merkten, dass ich das Territorium beherrschte. Außerdem stellte ich mich gleichzeitig auf die Beruhigungssignale der Hunde ein. Hunde leben nur im gegenwärtigen Moment – ich hätte meine Kommunikation mit ihnen gar nicht abstellen können.

Mein Tonfall, meine Körperhaltung und meine emotionale Energie blieben ständig in Kommunikation mit den Hunden, auch wenn es den Anschein hatte, als nähme ich sie gar nicht wahr. Wenn sie sich doch aufspielten, konnte ich mithilfe von Timing, Berührung, Tonlage und verbotener Körperhaltung erheblich Einfluss darauf nehmen, sie emotional wieder ins Gleichgewicht zu bringen und in einen entspannten Zustand zu versetzen.

Sollte das nicht funktionieren, würde ich einfach etwas neues Trockenfutter in einer einzigen Schale in die Mitte des Raumes stellen, ohne jedoch irgendeinen Hund heranzulassen – zumindest nicht am Anfang. Wenn man die Ressourcen kontrolliert, kontrolliert man auch die Energie. Als sich die Hunde beruhigten und vom starken Duft angezogen wurden, belohnte ich nur diejenigen, die die vollständige Sequenz der Unterordnung durchlaufen und das Kinn auf dem Boden abgelegt hatten. Diese Maßnahmen vermittelten dem Rudel genau das Verhalten, das ich von allen erwartete.

All dieses gehörte zu meiner morgendlichen Routine, sechs Tage die Woche, seit fast einem Jahrzehnt. Als mein Geschäft florierte, konnte ich ein großartiges Team anwerben und mein Arbeitsgebiet ausbauen. Ich weiß gar nicht genau, wie es passierte, aber es sprach sich herum, und ich wurde zu einem gefragten Hundetrainer. Ohne eine formale Ausbildung in diesem Bereich hatte ich mich nie wirklich als das gesehen, für das mich die Leute hielten. Stattdessen betrachtete ich mich lieber als jemanden, der den Menschen beibringt, gut mit ihren Hunden zu kommunizieren.

Meine Herangehensweise bestand darin, meine Kunden vertraut zu machen mit dem Reich des Bewusstseins von Tieren, der Theorie der Ressourcenverteidigung, dem Territorialverhalten, hypnotischen Trainingsübungen und natürlich der Geheimsprache der Hunde. Im Grunde meines Herzens wusste ich, dass ich Menschen nicht beibrachte, ihre Hunde zu trainieren. Es ging vielmehr darum, Licht auszustrahlen, das Gesetz der Anziehung einzusetzen, modernste Meditationstechniken zu nutzen und wie eine einfühlsame Seele zu führen.

Ganz sicher hat ein Hund niemals das Gefühl, dass er derjenige ist, der sich danebenbenimmt. Wir sind es, die dieses Gefühl auf den Hund projizieren. Ich bin überzeugt davon, dass Hunde sehr einfühlsam sind, sehr bewusst und unglaublich empfänglich für die Gefühlswelt ihrer Besitzer. Unsere Hunde sind buchstäblich unser Spiegelbild, sie nehmen sozusagen unser unbewusstes „Gepäck" auf. Wenn wir nervös sind, sind auch sie nervös. Wenn wir gestresst sind, haben sie Angst, dass etwas nicht in Ordnung ist. Wenn wir laut sind, ständig auf unser Handy schauen oder innerlich abgeschaltet haben, verlieren sie das Vertrauen, dass sie bei uns in Sicherheit sind (aber dennoch lieben sie uns – das hört nie auf).

Nach meiner Erkenntnis ist jedes problematische Verhalten unserer Hunde, ob es nun das Anspringen, Winseln oder Bellen ist, einfach nur der Versuch, diese unangenehmen Gefühle aus ihrem Körper zu bekommen, um ihre eigene Energie wieder ins Gleichgewicht zu bringen. Ein entspannter Hund ist immer ein braver Hund. Das gilt sogar dann, wenn der Hund keine Kommandos kennt und keinerlei Training erhalten hat.

Dieses Buch zeigt auf, mit welchem Verhalten man sich den Respekt seines Hundes verschafft und auf seiner eigenen Ebene kommunizieren kann. Mein Ziel ist es, einfache und erfrischende Taktiken anzubieten, durch die dein Hund zu einem stoischen, gutmütigen und auf natürliche Weise gehorsamen Begleiter wird. Ich berichte über Fallstudien von Menschen und ihren alltäglichen Problemen mit Hunden. Die Geschichten sind mit praktischen Weisheiten gespickt und nehmen dich mit auf eine Reise, auf der du deine eigene entspannte Alpha-Kraft entwickeln kannst. Mit ihr veränderst du die Verhaltensmuster deines Hundes mit Leichtigkeit. Jedes Kapitel enthält eine Illustration, einige einleuchtende Trainingstipps und eine Meditation zur Vertiefung der Lektionen.

Ich hoffe sehr, dich mit diesem Buch zu inspirieren, dein Herz und deinen Geist zu öffnen und dich zu einer tieferen Verbindung mit deinem Hund zu führen.

1

Zum entspannten Alpha werden

In meinen frühen Zwanzigern las ich viel von Deepak Chopra. Die Weisheiten aus seinem Buch „Die sieben geistigen Gesetze des Yoga" gaben mir das Vertrauen und den Mut, mein eigenes Unternehmen zu gründen. In dem Buch fordert er die Leser dazu auf, ihrem Herzen zu folgen, zu dienen, das zu tun, was sie lieben, und darauf zu vertrauen, dass sich das Universum um das Übrige kümmert.

Ich liebte Hunde, und ihre Energie hat meine Seele immer wieder aufgebaut. Früher litt ich unter Angstzuständen und Depressionen. Die Freude, sie um mich herum zu haben, beruhigte mein Herz. Ich stürzte mich Hals über Kopf in meinen Traum, mit Hunden zu arbeiten, und vertraute Deepak (und dem Universum). Ich eröffnete eine Hundetagesstätte inklusive eines Hundefriseursalons in Toronto in Kanada. Und bald war für mich nichts mehr so wie früher.

Ich trat meine Reise in die Welt der Hunde an, indem ich die traditionellen Quellen des Wissens über diese Tiere studierte: Welpeneltern im Park, Züchter, Tierärzte, Reality-Shows und Hundefriseure. Obwohl alle unglaublich viel Erfahrung mit der Welt der Hunde hatten, fühlte ich, dass es noch mehr dazu geben musste. Ich verschlang jedes Trainingsbuch, das mir in die Hände fiel. Ich studierte den Umgang der Mönche von New Skete mit Deutschen Schäferhunden, vertiefte mich in das Buch „Du bist der Rudelführer" von Cesar Millan, dem Hundeflüsterer, einem prominenten Hundetrainer mit einer Fernsehshow bei National Geographic. Ich beschäftigte mich mit dem Bestseller von Paul Owens, „Der Hundeflüsterer". Dort beschreibt er, wie Jesus einen Hund erziehen würde, hätte er einen. Ich verbrachte unzählige Stunden mit Online-Videos und nahm die verschiedensten Grundlagen unter die Lupe. Dazu gehörten positive Verstärkung, Rallyes, Gehorsamkeits-, Such-, Rettungshund-, Therapiehunde- und Schutzhundeausbildung.

Ich experimentierte in meiner Hundetagesstätte mit vielen verschiedenen Techniken und merkte schnell, dass keine Methode zuverlässig oder nachhaltig funktionierte. Unterschiedliche Hunde derselben Rasse reagierten oft unvorhersehbar auf die gleichen Trainingsmethoden. Am meisten fiel mir auf, dass, je mehr Hunde ich in ein Training miteinbezog, die Methode desto weniger zu wirken schien. Irgendetwas an dieser modernen Vorstellung des „Hundetrainings" lieferte mir einfach nicht die gewünschten Ergebnisse.

Durch das Beobachten von Hundegruppen in Hundeparks ohne Leinenzwang oder in meiner Tagesstätte wurde offensichtlich, dass Hunde respektvoll und ruhig miteinander kommunizieren können. Ich habe mich oft gefragt, ob es nicht Hundebesitzer gibt, die gerne einmal ein echtes Gespräch mit ihrem Hund führen würden. Ich konnte doch nicht der Einzige sein.

Die Geheimsprache der Hunde entdecken

Im Frühjahr meines zweiten Geschäftsjahres überschlugen sich die Ereignisse, die mein Leben für immer veränderten. Es hatte mehrere Tage lang heftig geregnet und viele unserer Kunden konnten morgens mit ihren Hunden nicht Gassi gehen. Das schlechte Wetter spülte uns unendlich viele neue Hunde in die Tagesstätte, und wir hatten sehr viel mehr zu tun. Gut für das Geschäft, aber nicht für meine Ängste. Aus einem überschaubaren Rudel von fünfzehn Hunden war plötzlich eine Meute von sechsunddreißig wahnsinnig gewordenen haarigen Vierbeinern geworden.

Die Hunde gingen regelrecht die Wände hoch. Sie rannten, sprangen, bellten, kratzten und jaulten ohne Ende, griffen sich gegenseitig an und hinterließen überall ihr Geschäft! Mein Stresspegel erreichte ein Rekordhoch. Mit keiner der Trainingsmethoden, die ich mir angeeignet hatte, schaffte ich es, ein Rudel dieser Größe zu beruhigen oder zu beherrschen. Jedes Mal, wenn wir uns mit den Hunden durch die Anwendung traditioneller Methoden verbinden wollten, heizte sich die Energie im Raum an und das Rudel wurde noch hyperaktiver und unberechenbarer. Es war meine größte Angst, dass sich ein Hund in meiner Obhut verletzen (oder gar sterben) könnte. Diese Vorstellung drehte sich in meinem Kopf.

Ich saß hinten in meinem Büro und gönnte mir einen Augenblick der Ruhe vor der lauten Meute. Plötzlich hörte ich ein paar Geräusche, die mich aufschreckten. Einen Knall, ein Aufjaulen, dann Stille. Die Reihenfolge dieser Geräusche schreckte mich auf. Sie versetzte mich unerwartet in einen Zustand der reinen Präsenz. Es kam mir so vor wie die transzendentale Erfahrung, über die ich in meinen buddhistischen Studien gelesen hatte. Bislang hatte ich jedoch in meiner Meditationspraxis nur eine leise Ahnung davon erhalten. Als ich in den Empfangsbereich ging, um nachzuschauen, nahm ich alles mit anderen Augen wahr. Mir wurde klar, dass Izzy, unsere beste Klientin (eine junge und unglaublich aufgedrehte schokoladenbraune Labradorhündin), andere Hunde wie der Blitz jagte. Wie ein Hockeyspieler, der die Bande zum Stoppen nutzt, war sie absichtlich gegen die Wand geknallt, um ihren Drall zu stoppen. Glücklicherweise war ihr nichts passiert. Die schlechte Nachricht dabei war, dass sie ein Loch in die Trockenbauwand zum angrenzenden Geschäft gesprengt und sie vollkommen beschädigt hatte.

Mitten zwischen Lachen und Weinen schien sich meine Wahrnehmung von Raum und Zeit in eine neue Wirklichkeit zu schieben. Die Stimme in meinem Kopf beruhige sich, die Geräusche wurden klarer, und ich konnte plötzlich die Gefühle der Hunde spüren, als wären es meine eigenen. Ich erkannte ganz klar, wie die Hunde im Rudel auf ihre eigene Weise miteinander kommunizierten. Henry, der alte Golden Retriever, gähnte die Welpen an – nicht, weil er müde war, sondern um sie zu beruhigen und zu besänftigen. In der Sprache der Hunde wird das Gähnen (unter anderem) als soziales Signal verwendet, um Entspannung zu fördern. Marge, die Shih-Tzu-Hündin, schaute von den anderen Hunden weg, wenn sie pinkelte. Nicht, weil sie verlegen war, sondern weil diese Körperhaltung den anderen mitteilte, dass sie etwas Raum und Ruhe brauchte.

Abbildung 1: Beruhigungssignale

Hunde verwenden ihre Körpersprache, eine Vielzahl von Gesichtsausdrücken und Körperhaltungen, um auf emotionaler Ebene zu kommunizieren. Diese Signale dienen dazu, unnötige Konfrontationen zu vermeiden und den Frieden zu wahren.

Im Allgemeinen sendet dein Hund eine der folgenden Botschaften:

- Ich will mich beruhigen.
- Du musst dich beruhigen.
- Etwas in unserer Umgebung muss sich beruhigen.

Die wahre Tierkommunikation findet im Reich der Gefühle statt. Ich erkannte, dass Hunde absichtlich sonderbare kleine Gesten machen, weil sie damit Emotionen hervorrufen. Indem sie bestimmte Körperhaltungen und Positionen einnehmen, ihr eigenes Timing und ihre Geräusche verwenden, haben Hunde tatsächlich ein charakteristisches Vokabular entwickelt. Als Menschen haben wir uns diesen Bereich nie wirklich erschließen müssen. Aber ich versichere dir, dieses Potenzial existiert in uns und wir können es nutzen.

Mit Hunden in dieser Geheimsprache zu kommunizieren, war im Grunde viel einfacher, als es klang. Schau dir Abbildung 1 auf den vorherigen Seiten an, um einen Eindruck von einem Teil des Hundevokabulars zu erhalten. Das Beste daran war die neue Möglichkeit für mich, dass ich mit jedem Hund, der in meine Tagesstätte kam, kommunizieren konnte. Anstatt meine ganze Zeit mit Hundetraining zu verbringen, konnte ich einfach mit ihnen in ihrer Sprache sprechen. Das alte Sprichwort „Man kann einem alten Hund keine neuen Tricks beibringen" wurde plötzlich bedeutungslos. Die Verwendung der Geheimsprache der Hunde lieferte mir Ergebnisse, die hundertmal besser waren als die der konventionellen Trainingsmethoden, die ich mir angeeignet hatte.

Transformierende Wirkungen

Als ich begann, mit meinen Ideen über die Geheimsprache der Hunde zu experimentieren, fiel mir auf, wie alle Tiere in der Natur auf diese Weise miteinander kommunizieren. Wölfe, Bären und Kojoten lecken sich die Lefzen, um Beschwichtigungssignale auszusenden. Kühe, Elche und sogar Vögel vermeiden direkten Augenkontakt, es sei denn, sie wollen mit Absicht konfrontativ sein. Eichhörnchen sind Meister darin, verschiedene Körperhaltungen einzunehmen. Ein Alphatier jeder Gattung kann man immer an seinem zwanglosen Einsatz der Schutzhaltung erkennen. Die Lektionen, die ich aus dieser Geheimsprache lernte, galten nicht nur für Hunde, sondern funktionierten auch bei Menschen.

Meine Kunden begannen sich darüber zu wundern, wie sauber die Hundetagesstätte geworden war und wie ruhig ihre Hunde waren, als sie mit ihnen nach Hause gingen. Die Kunden spürten, dass hier etwas

Besonderes geschah. Ich musste mich jeden Tag mit einem neuen Rudel auseinandersetzen und oft über dreißig „ungezogene" Hunde einen nach dem anderen verwandeln. Sie kamen in einem aufgedrehten Zustand zu mir und gingen anschließend als ausgeglichene und folgsame Hunde nach Hause. Das Schönste an der ganzen Sache war, dass mich diese Hunde wirklich liebten und respektierten. Durch das Kommunizieren mit ihnen auf ihrer eigenen Wellenlänge konnte ich sie führen, ihnen ein Gefühl von Sicherheit vermitteln und ihre Achtung gewinnen. Wenn ich ihnen Befehle gab, gehorchten sie natürlich. Das machte ihre Besitzer schließlich neugierig. Sie baten mich, ihnen auch bei ihrem privaten Training zu helfen. Dabei erlebten sie die gleiche Wirkung wie ich.

Damals dachte ich nicht, dass ich meinen Kunden irgendetwas Radikales beibrachte – es ist jedoch oft das Schwierigste, einfach zu lernen, sich auf die Ebene der Gefühle einzulassen. Mit ein wenig Einsatz und etwas Anleitung erkannten sie schnell, wie die schlechten Verhaltensmuster ihres Hundes auf ein Übermaß an Aufregung oder zu viel Angst zurückzuführen waren. Das Geniale an der Geheimsprache der Hunde ist ihre Klarheit. Es ist, als lernte man die Muttersprache des Hundes. Als meine Privatkunden die Geheimsprache beherrschten, entdeckten sie, wie ihre Hunde anders auf sie reagierten. Die Hunde begannen, die Anwesenheit ihrer Besitzer zu respektieren, und folgten bereitwillig ihrer Autorität.

Mit zunehmender Erfahrung konnten meine Kunden auf eine neue Art und Weise mit ihren Hunden in Verbindung treten und alle möglichen bemerkenswerten Dinge tun, von denen sie bislang nur geträumt hatten. Sie konnten die Haustür öffnen, und ihr Hund versuchte nicht herauszustürmen, sondern lief ruhig zurück und legte sich hin. Die Besitzer lernten, den Hund mit langer Leine zu führen oder sogar ohne Leine. Wenn sie ihren Hund riefen, hörte er auf sie. Als sie dem Hund verboten, ihr Thunfischbrötchen anzufassen, wagte er nicht einmal, es anzuschauen. So kam es unweigerlich zu einer großen Veränderung. Meine Kunden vertrauten ihren Hunden viel mehr (und machten sich weniger Sorgen). Dabei wurden sie entspannter, weiser und mitfühlender. Es war, als hätte ihr Hund sie gelehrt, ein besserer Mensch zu werden.

Der Schlüssel zu all dem lag in der meditativen Herangehensweise, mit der sich die Besitzer mit ihren Hunden verbanden. Je entspannter sie auf ihre eigene emotionale Energie eingestimmt waren, desto empfänglicher wurden sie für die Kommunikationssignale ihrer Hunde. Das machte sie zu einem entspannten Alpha. Und nicht nur ihre Hunde, die genau das brauchten und anerkannten, profitierten davon. Auch für Familie und Freunde wurden sie zu einem geerdeten, unterstützenden und liebevollen Anführer für Familie und Freunde. Bei vielen stand es um die Gesundheit und ihre Geschäfte besser, und ihre persönlichen und beruflichen Beziehungen blühten auf.

Im Grunde spiegeln uns alle Verhaltensweisen unserer Hunde unseren eigenen unbewussten emotionalen Rucksack wider. Wenn du das Verhalten deines Hundes bewusst verbesserst, entwickelst du dich automatisch zu dem entspannten Alpha, von dem ihr beide schon immer geträumt habt.

Trainingstipps

Zum entspannten Alpha werden

1. Die Geheimsprache der Hunde können wir uns erschließen, um mit unserem Hund in Kontakt zu treten, sein Verhalten zu ändern und ganz leicht unglaubliche Ergebnisse zu erzielen.

2. Die meisten Verhaltensprobleme deines Hundes basieren auf seinen Impulsen: Er ist entweder zu aufgeregt oder zu ängstlich. Dabei liegt die einfachste Lösung darin, mit ihm zu kommunizieren und ihm dabei zu helfen, wieder ins Gleichgewicht zu kommen.

3. Für einen Menschen ist es leichter, die Geheimsprache der Hunde zu lernen als für einen Hund, die menschliche Sprache zu lernen. Die Beherrschung der geheimen Hundesprache wird dich entspannter, gelassener und zufriedener machen. Außerdem kannst du dadurch ein besserer Mensch werden.

4. Die drei entscheidenden Elemente dieser Hundesprache sind:

- Lerne, mit Ressourcen und Territorien umzugehen.
- Lerne, mit deinem Hund in Verhaltensweisen zu kommunizieren, die er selbst zeigen würde.
- Vertiefe deine Präsenz und deine Einstimmung auf den Hund.

Meditation

Dein Hund ist dein Guru

Setze dich bequem hin oder lege dich auf den Rücken. Lasse deinen Atem natürlich fließen. Werde ruhig und lenke die Aufmerksamkeit auf deinen Körper, während er von selbst atmet. Werde zu einem Beobachter. Wenn dein Hund still auf der Seite liegt und sich in einem Lichtstrahl, der durch das Fenster fällt, ausruht, ist er ebenso ein Beobachter. Nimm deine Gefühle wahr, wie sie kommen und gehen wie Wellen im Ozean. Spüre sie jetzt in dem Wissen, dass sie gleich wieder vergehen werden. Sei dir bewusst, dass du bald Zugang zu einer anderen Bewusstseinsebene haben wirst.

Widerstehe dem Drang, deine Gefühle zu analysieren und zu verstehen. Dein Hund lebt in einer sprachlosen Welt der Empfindungen und Impulse. Nach einiger Zeit wirst auch du darin eintauchen. Erlaube deinem schwatzenden Geist, seine Anstrengungen aufzugeben, während du ihn ohne Bewertung beobachtest. Pflege diese Disziplin, bei deinen Empfindungen zu bleiben, während du eine neue Art von Kraft entwickelst, die aus dem Nichtreagieren entspringt. Kehre zu deinem Atem zurück. Nimm das Gefühl wahr, wie sich deine Lungen ausdehnen und wieder zusammenziehen. Fokussiere deine Aufmerksamkeit und spüre deinen Atem.

Ein Guru ist ein ganz besonderer Lehrer für jemanden, der sich im Meditieren übt. Seine Lehren treten zu dem Zeitpunkt in dein Leben, an dem du dafür bereit bist. Dieses geschieht oft, wenn man das Leben gemeinsam erlebt. Dein Hund ist ein Meister der bewussten Wahrnehmung, ein Experte in der Kunst des Lebens im gegenwärtigen Augenblick und im Erleben von Freude, Frieden und Leichtigkeit. Vielleicht ist dein Hund genau aus diesem Grunde hier, um dir diese Werte zu vermitteln. Die Gegenwart und die Energie deines Hundes können mit ihrer Weisheit deine emotionale Intelligenz steigern und dir inneren Frieden schenken. Denke einmal über diese heilige Beziehung nach, während du meditierst. Bleibe in der Meditation, solange du möchtest.

2

Die geheime Sprache der Hunde

Der Schlüssel zum Verständnis der Geheimsprache der Hunde liegt in der Erkenntnis, dass hinter jeder Handlung eines Tieres eine Absicht steckt. Die Forschungsarbeiten der norwegischen Hundetrainerin Turid Rugaas über sogenannte *Calming Signals*, die Beruhigungssignale, haben gezeigt, wie sich Hunde mit Absicht die Lefzen lecken, gähnen, die Vorderpfote heben oder sogar im Halbkreis laufen. Du fragst dich vielleicht, warum sie all diese Dinge und noch mehr tun. Hunde wissen, dass jede Handlung eine subtile emotionale Energie in ihnen und anderen hervorrufen kann. Werden wir uns dieses einfachen Codes bewusst, entwickeln wir eine starke Empathie für unsere Hunde, denn unsere große Liebe zu ihnen will ihnen jedes Leid ersparen.

Handlungen rufen Emotionen hervor

Wenn wir unseren Hunden verbale Kommandos erteilen, achten sie in erster Linie auf die Emotion in unserer Stimme (den Tonfall), unsere Körperhaltung (ist sie konfrontativ oder beruhigend?), und unsere jeweilige Position in der Umgebung (welchen Status haben wir im Territorium, wie nehmen wir es wahr, wie setzen wir unsere Körperhaltungen ein?). Hunde nehmen diese Informationen auf einer energetischen Ebene wahr und schätzen die Macht unserer Kommandos danach ein, ob sie freundlich und authentisch gemeint sind. Hunde denken hauptsächlich durch ihre Gefühle und Impulse. Man könnte sagen, ihr Gehirn befindet sich im Herzen.

Abbildung 2 zeigt, was sich in der Vorstellung deines Hundes bei dieser Körperhaltung abspielt.

Abbildung 2: Handlungen rufen Emotionen hervor

Was passiert in dieser Darstellung, sowohl aus der Sicht des Menschen als auch aus der Sicht des Hundes?

Der Besitzer hat gerade seinem Hund befohlen, Sitz zu machen. Ohne auf seine Körpersprache zu achten, macht er einige schwerwiegende Fehler, die seinen Hund unnötig ängstigen. Er fixiert seinen Hund, das erzeugt Angst. Er zeigt auf das Gesicht seines Hundes, eine verbotene Körperhaltung, die die Angst noch verstärkt. Sein Rücken ist gekrümmt, was auf Frustration oder Wut hindeutet. Wie wir später noch näher erläutern werden, ist es völlig in Ordnung, die verbotene Körperhaltung einzunehmen, um ein Kommando auszudrücken. Aber in dieser Position zu verweilen, erzeugt unnötige Ängste beim Hund.

Obwohl der Hund sitzt, ist er nicht ruhig und entspannt. Er versucht nicht nur in seinen natürlichen, friedlichen Zustand zurückzufinden (indem er gähnt), sondern er will auch seinem Herrchen oder Frauchen mit diesem sozialen Signal mitteilen, er oder sie solle sich entspannen. Denke daran: Wenn wir unseren Hunden verbale Kommandos geben, achten sie hauptsächlich auf:

- die Emotion in unserer Stimme (den Tonfall)
- unsere Körperhaltung (ist sie konfrontativ oder beruhigend?)
- unsere jeweilige Position in der Umgebung (welchen Status haben wir im Territorium, wie nehmen wir es wahr, wie setzen wir unsere Körperposition ein?)

Tiere haben natürlich keine Bezeichnungen für ihre Gefühle, aber sie wissen sehr wohl, ob ihr Erleben gerade angenehm, unangenehm oder entspannend ist. Das ist der simple Teil, den sowohl Kinder als auch Hunde schnell verstehen. Wenn etwas angenehm ist, will dein Hund mehr davon. Ist etwas unangenehm, will er damit aufhören. Wenn die Lage neutral (oder ruhig) ist, dann ist das Leben wunderbar, es ist genau so, wie es für deinen Hund sein soll. Er schätzt die Sicherheit dieses Gefühls und verhält sich mit einer natürlichen, freudigen Neugier, die Mutter Erde für alle ihre Geschöpfe vorgesehen hat. In diesen Momenten der Ruhe ist dein Hund unfähig, etwas anderes als ein guter Hund zu sein (dann ist kein Training erforderlich).

Das Problem bei zu viel Angenehmem oder Unangenehmem ist, dass man das Angenehme gerne festhalten will und das Unangenehme lieber vermeidet. Festhalten wie Vermeiden reißen unsere Hunde aus dem inneren Gleichgewicht und triggern eine emotionsgeladene Reaktion, die zu Verhaltensausbrüchen führt. Viele Hundetrainer animieren Besitzer dazu, ihr Kommando mit „Begeisterung" zu geben. Das jedoch ist ziemlich unsinnig, weil es nur die Emotionen ihres Hundes anheizt. Die Weisen erkennen, dass ein übererregter Hund nicht gleichzeitig ruhig und gehorsam sein kann. Emotionen müssen ausgelebt werden, aus dem Körper herausgelassen werden, und das ist die Ursache aller Arten von unerwünschtem Verhalten (Anspringen, Losrennen, Bellen und so weiter).

Die gesamte Natur wie auch der Mensch streben nach einem Zustand, der Ruhe ausstrahlt. Diese Schwingung über einen längeren Zeitraum zu erleben, vermittelt Sicherheit und Frieden und führt zu einer seligen Gelassenheit und inneren Harmonie. Du willst dieses friedliche Gefühl noch aus einem weiteren praktischen Grund kennenlernen: Daraus entspringt deine entspannte Alpha-Kraft. Wenn wir bewusst ein Signal der Liebe oder der Angst aussenden (das Gefühl von etwas Angenehmem oder Unangenehmem), und zwar aus einer Position der Gelassenheit heraus, wird der Unterschied zwischen den beiden Gefühlen aus der Sicht deines Hundes deutlicher. Dadurch wird deine Anweisung für ihn klarer. Schau dir bitte Abbildung 3 an, um ein Gefühl für die grundlegenden Emotionen zu bekommen, die ein entspannter

Alpha (vorsätzlich) einsetzt. Damit wirst du zu dem Herrchen oder Frauchen, das dein Hund braucht und achtet.

Liebe
verstärkt das momentane Verhalten deines Hundes.

Ausgeglichenheit
bedeutet, sich sicher zu fühlen und entspannt zu sein.

Angst
bedeutet Stopp, ordne dich unter, oder etwas ist nicht mehr sicher.

Stress
Dieses Gefühl dauert in der Natur nicht sehr lange an. Es vermittelt Unsicherheit und erzeugt Angst bei deinem Hund.

Abbildung 3: Gefühle kommunizieren mehr als Worte

Liebe, Ruhe und Angst sind die wichtigsten Gefühle, die ein entspannter Alpha in der Kommunikation mit seinem Hund verwendet. Stimme dich immer wieder auf deine momentane Gefühlslage ein, wenn du mit deinem Hund zusammen bist. Stimmen deine Handlungen mit deinen Gefühlen überein? Wenn nicht, verwirrst du den Hund, und das führt zu Ängsten, Frustration und Neurosen.

Schauen wir uns genauer an, wie Hunde diese Grundsätze untereinander anwenden, damit wir eine Ahnung davon bekommen, wie subtil diese Sprache ist und wie sie wirkt, auch wenn wir sie nicht absichtlich einsetzen. Beobachten wir einen älteren Hund mit einem Welpen. Er ist meistens ganz ruhig, tut nichts und lässt den Welpen alles erkunden oder sonst etwas tun. Entspanntes Nichtstun ist eigentlich eine bewusste Handlung für einen Hund. Das Gefühl, das er ausstrahlt, bestärkt den Welpen weder darin, weiterzumachen, noch macht es ihm Angst, sodass er mit seinem Verhalten aufhört. Er spürt einfach eine neutrale Präsenz und erkennt, dass sein Verhalten für den älteren Hund in Ordnung sein muss. Kommunikation kann nur im gegenwärtigen Moment stattfinden. Handlungen, auch Nicht-Handlungen, rufen Gefühle hervor.

Wenn wir telefonieren und unserem Hund gerade keine Aufmerksamkeit schenken, deutet er unser Gefühl der Ruhe so, als dürfe er weiter an der Fußbodenleiste kauen oder ins Schlafzimmer pinkeln. Hier ist die wichtigste Lektion für die Kommunikation mit unserem Hund, dass wir aufmerksam und „im Moment sein" müssen. Den ersten Schritt auf dem Weg zu einem entspannten Alpha erreichen wir durch unsere Absicht, präsent zu sein.

Beruhigungssignale

Hunde kommunizieren mit ihrer Körperhaltung, indem sie eine Vielzahl von Gesten verwenden, die als Beruhigungssignale bekannt sind. Obwohl es viele verschiedene Beruhigungssignale gibt, fallen ihre Bedeutungen immer in eine von drei Kategorien: 1) Ich entspanne mich, 2) Du entspannst dich oder 3) Die Umgebung muss sich entspannen.

Die wichtigsten Beruhigungssignale deines Hundes

- Schnauze lecken
- Gähnen
- Blinzeln
- Vorderpfote heben
- Kopf nach unten neigen
- Körper nach unten neigen

Anhand der folgenden drei Beispiele bekommst du einen Eindruck davon, wie Hunde mit Beruhigungssignalen kommunizieren.

1) **Ich entspanne mich:** Ein Besitzer räumt den Tresen auf und lässt versehentlich seine Autoschlüssel klimpern. Sein Hund, der gerade noch auf dem Boden geschlafen hat, freut sich erregt über dieses vertraute Geräusch und denkt, es sei Zeit für eine Spritztour. Der Hund muss dann feststellen, dass es keine Autofahrt gibt. Also gähnt er. Nicht weil er müde ist, sondern weil ihn diese Geste wieder beruhigt. Das Gähnen veranlasst das Nervensystem, sich automatisch wieder zu entspannen.

2) **Du entspannst dich:** Im Park läuft ein kleiner Hund zu einem Tennisball, der nur wenige Zentimeter von einem größeren Hund entfernt liegt. Als der kleine Hund sich dem Spielzeug nähert, bemerkt der große Hund ihn plötzlich. Ein Spielzeug zu stehlen ist Grund genug für einen Konflikt, also zeigt der kleine Hund seine friedlichen Absichten, indem er seine Vorderpfote hebt. Er will dem großen Hund damit sagen: „Keine Sorge, ich werde es dir nicht wegnehmen, ich will es nur ausprobieren." Der große Hund sieht dies von weitem und beschließt, ruhig zu bleiben, indem er dem kleinen Hund zublinzelt, nach dem Motto: „Danke, dass du mich nicht störst." Diese von Natur aus gegebene wirkungsvolle Kommunikation übertrumpft jede vom Menschen erfundene Sprache mit Worten.

3) **Die Umgebung muss sich entspannen:** Ein Hund spürt das Vorbeifahren eines Zuges knapp einen Kilometer weit entfernt. Die Erschütterung des Bodens weckt ihn und lässt ihn aufhorchen. Er leckt sich mehrmals die Schnauze, um den Besitzern mitzuteilen, dass etwas in der Umgebung stört.

Wenn du nach einer handfesten Möglichkeit suchst, um zu verstehen, was dein Hund dir mitteilen will, beobachte einfach seine Beruhigungssignale. Dein Hund verwendet Hunderte davon jeden Tag. Mit ein wenig Übung kannst du einen tiefen Einblick in die Gefühlswelt deines Hundes gewinnen. Interessanterweise verwendet nicht jeder Hund die gleichen Signale. Bestimmte Hunde haben nur einige wenige Beruhigungssignale, die sie ständig einsetzen. Trotz allem wissen wir, dass jedes Signal nur in eine der drei Kategorien fallen kann. Je präsenter wir also sind, desto geschickter werden wir zwangsläufig darin, diese Signale zu erkennen und intuitiv zu spüren, ob es sich um „Ich entspanne mich", „Du entspannst dich" handelt oder ob es situationsbedingt ist. Das ist ein wirklich wichtiger erster Schritt. Allein diese Maßnahme reicht aus, um ein paar wesentliche Treuepunkte bei deinem Hund zu bekommen. Einlösen kannst du sie dann später für besseres Zuhören, ruhigeres Verhalten und mehr Aufmerksamkeit für dich. Das ist der Weg eines entspannten Alphas.

Körperhaltungen der Kraft

Wenn du das nächste Mal den Impuls verspürst, mit deinem Hund zu kuscheln, versuche es einmal hiermit: Schaue ihn liebevoll an, versuche, seinen Blick zu halten, und beobachte, wie er reagiert. Ich vermute, er wird dich sofort mit Beruhigungssignalen überschütten, die du vorher nicht wahrgenommen hast, wie Augenblinzeln, Gähnen oder dem Lecken der Schnauze.

Mit diesen Botschaften will er dir vermitteln, dass du dich beruhigen sollst. Auch wenn du liebevolle Absichten hast, glaubt er, dass du dich über ihn ärgerst. Wenn dein Hund kuscheln will, wird er vermutlich seinen Kopf nach unten, von dir weg, neigen. Das ist eine bewusste Handlung, die das Gleiche ausdrückt, wie wenn er dir seinen Hintern zum Kratzen anböte.

Die Botschaft dabei ist simpel: Dein Hund will mit dir zusammen sein. Er spürt deine Liebe, aber dieses Gefühl der Liebe stimmt nicht mit deinen unbewussten Gefühlen überein, die du durch deine konfrontativen Handlungen aussendest. Das sind Signale der Angst. Deshalb schauen uns unsere Hunde nicht an, wenn wir sie fixieren. Dein liebevolles Verhalten flößt deinem Hund Angst ein.

Warum ist das wichtig? Langfristig gesehen führt das Aussenden von Doppelbotschaften, die Liebe und Angst miteinander verbinden, zur Entstehung aller möglichen Neurosen und Ängste. Diese Doppelbotschaften sind schuld an zukünftigen Verhaltensproblemen.

Wir denken oft nicht an diesen Umstand, unser Hund jedoch sehr wohl. Dieses emotionale Missverständnis verwirrt deinen Hund und führt dazu, dass er dich missachtet, obwohl er dich noch genauso liebt. Tiere betrachten Menschen als Tiere, und unsere Körperhaltungen dienen als bewusste Handlungen, die mit ihnen kommunizieren. Wenn sie uns zum ersten Mal kennenlernen, schätzen sie uns nach unseren Körperhaltungen ein. Für uns ist es die beste Gelegenheit zu bewusstem Wachstum. Wenn uns eine klare Kommunikation gelingt, kann sich unser Hund zu einem gleichmütigen, ruhigen, aufmerksamen und zugänglichen Wesen entwickeln.

Verbotene Körperhaltung

Direkter Blickkontakt mit einem anderen Tier ist in der Natur ein Tabu, weil sich das Tier dadurch unwohl oder bedroht fühlt. Dieses Phänomen erleben nicht nur Tiere, es ist auch bei uns Menschen bekannt. Unsere Eltern haben es uns einfach nur abtrainiert.

Als Kind hasste ich es, Erwachsene und Fremde anzuschauen, es schüchterte mich ein. Ich glaube nicht, dass es nur mir so ging. Direkter Augenkontakt strahlt Angst aus, da er in der Tierwelt auf uralten Verhaltensmustern der Bedrohung und des Angriffs basiert. Deshalb wenden auch wir unseren Blick automatisch von einer unangenehmen Person ab, die in den Bus steigt. Und wir haben Mühe damit, auf fremde Menschen zuzugehen und ihnen die Hand zu reichen.

Indem wir die richtige Dosis Augenkontakt einsetzen, im richtigen Moment und aus dem richtigen Beweggrund, können wir unsere Kraft als entspannter Alpha wirksam nutzen. Manchmal versuchen wir, Angst zu vermeiden, weil wir sie als schlecht erachten. Im Grunde ist es vollkommen natürlich für den Hund, Angst zu empfinden, wenn er ein Nein von einem anderen Hund zu spüren bekommt. Auch für uns ist ein solches Gefühl natürlich, obwohl wir darauf konditioniert sind, Angst als etwas Unangenehmes zu empfinden. Deshalb vermeiden wir sie so oft wie möglich.

Wenn du mit deinem Hund kommunizierst, führt eine gesunde Dosis Angst mit der richtigen Menge an Intensität dazu, ein bestimmtes Verhalten anzuregen – nicht mehr und nicht weniger. Wird die Angst jedoch unbewusst oder in zu hohem Maße eingesetzt, verängstigt sie deinen Hund, und er verliert das Vertrauen in dich. Lass dich dadurch nicht beunruhigen. Dich auf die Beruhigungssignale deines Hundes einzulassen, wird zu großen Veränderungen in deinem Bewusstsein und deinem Körperverhalten führen. Wenn du feststellst, dass du deinen Hund versehentlich erschreckst, willst du sicherlich damit aufhören. Dies ist nur einer der Gründe, aus denen dein Hund zu deinem Guru wird.

Kein Wunder, dass Blinzeln, Wegschauen und Senken des Kopfes zu den Beruhigungssignalen gehören. Es sind bewusste Kommunikationsformen, die absichtlich die Angst auflösen, die durch verbotene Körperhaltungen hervorgerufen wird. Alle Tiere sind mit diesem Kodex vertraut. Wir verdienen uns die Achtung unserer Hunde, wenn wir diese Prinzipien beherzigen.

Schützende Körperhaltung

Das Gegenteil der verbotenen Körperhaltung ist die schützende Körperhaltung. Anstatt Angst hervorzurufen, vermittelt sie ein Gefühl der Sicherheit und der Ruhe. Das sind eigentlich nur verschiedene Ausdrucksformen von Liebe. Wenn sich dein Hund sicher fühlt, wird sein Körper ruhig. Wenn sein Körper ruhig ist, hat er keinen Grund, seine Gefühle auszuleben. Die Schlussfolgerung ist: Ein ruhiger Hund ist ein idealer Hund.

Mit der schützenden Körperhaltung gewährleisten wir einfach, dass wir das Objekt der Angst oder der Aufregung immer im Blick behalten und näher dran sind als unser Hund. Mit unserem Körper können wir diese Energien abblocken, indem wir unseren Hund hinter uns halten und das entgegenkommende Objekt im Blick haben. Dadurch findet er ein zusätzliches Gefühl der Sicherheit. Wenn wir dieses Verhalten konsequent durchhalten, verleiht es uns eine unglaubliche Kraft, die da auf sehr verständliche Weise sagt: „Ich stehe hinter dir" oder „Keine Aufregung im Augenblick."

Die Anwendung der schützenden Körperhaltung zeigt deinem Hund nicht nur, dass du im selben Team bist, sondern auch, dass du der Anführer bist. Wir werden im Verlauf der nächsten Kapitel näher auf diese Grundsätze eingehen. In der Zwischenzeit findest du hier in Abbildung 4 eine kleine Vorschau.

Abbildung 4: Schützende Körperhaltung

Ein entspannter Alpha benutzt sein scharfes Sehvermögen, das dem des Hundes überlegen ist, um jede Begegnung auf gerader Linie zu erkennen, bevor es sein Hund tut. Denke daran: Diese wahrgenommenen Bedrohungen lösen oft Angst oder Aufregung beim Hund aus. Das ist der Grund für sein Fehlverhalten.

Damit dein Hund ruhig bleibt, stelle dich einfach zwischen den Hund und das sich nähernde Objekt. Dadurch wehrt dein Körper diese Energie ab. Ein weiterer Tipp ist, deinem Hund den Rücken zuzudrehen. Diese Haltung vermittelt nicht nur eine Führungsrolle, sondern zeigt deinem Hund, dass du ihm vertraust und sein Sicherheitsgefühl im Auge hast.

Diese Grundsätze lernen und leben

Wenn das nächste Mal Hunde interagieren, beobachte, wie sehr sie sich darum bemühen, jegliche Formen von Angst – Furcht, Stress, Sorgen – aus ihrer Umgebung herauszuhalten. Die Natur ihrer Beruhigungssignale („Ich entspanne mich", „Du entspannst dich" oder „Die Umgebung muss sich entspannen") stärkt die Ebene des Mitgefühls füreinander immens. Ihr gemeinsamer Wunsch nach Frieden und Ruhe wird immer durch bewusste Verhaltensweisen eingesetzt, die harmonische Gefühle erzeugen und somit eine beruhigende Wirkung haben. Wie wunderbar ist es doch, dass diese geheime Sprache aus Sicht der Tiere auf dem Mitgefühl füreinander beruht. Stelle dir das Leben auf Erden einmal vor, wenn sich Menschen ebenso miteinander verbunden fühlten wie unsere Hunde.

Unsere Hunde sind so verantwortungsbewusst, dass sie bei einem zufälligen Augenkontakt (entweder untereinander oder mit uns) immer ein Beruhigungssignal mitliefern, als ob sie sagen wollten: „Oje, ich wollte dir keine Angst machen." Selbst wenn sie schlafen, drehen sie als Zeichen des Friedens ihren Kopf aus lauter Rücksicht weg von einem anderen Wesen. Dieses liebevolle Verhalten ist sehr wohlwollend und zeigt viel Aufmerksamkeit. Es ist sehr selbstlos. Auf der anderen Seite wird ein gut sozialisierter Hund die verbotene Körperhaltung ohne Zögern anwenden, jedoch nur, wenn es die Situation erfordert. Er wird es auf feinfühlige Art tun, mit dem geringsten Kraftaufwand. Obwohl Hunde Geschöpfe der Liebe und des Friedens sind, sind sie in der Lage, Angst zu erleben und sie zur Kommunikation zu nutzen.

Wenn es um das Bewusstsein des gegenwärtigen Moments und die emotionale Intelligenz geht, scheinen unsere Hunde die Oberhand über uns Menschen zu haben. Unser denkender Verstand, getrieben von unbewussten Wünschen unseres Ego, schafft einen Nebel der Unwirklichkeit, der uns daran zu hindern scheint, in unserer Umgebung präsent zu sein. Wir Menschen, so liebevoll wir auch sein mögen, können das, was um uns herum passiert, nicht wahrnehmen, weil wir in unserem Kopf gefangen sind. Wir ergreifen nicht die Gelegenheiten, auf unser Herz zu hören und im Jetzt zu handeln. Dieses unbewusste Wahrnehmen verleitet unsere Hunde, sich falsch zu verhalten, da sie unsere emotionalen Signale und Körperhaltungen missverstehen als Lob oder Angst für das, was im „Jetzt" geschieht. Das prägt ihre Neurosen und ihr Fehlverhalten.

In diesem Sinne können alle Marotten unseres Hundes auf uns selbst zurückgeführt werden, ohne dass wir uns dessen vollkommen bewusst sind. Welches Verhalten wir auch immer unserem Hund gegenüber gezeigt haben, es hat ihn zu dem gemacht, was er heute ist. Diese Erkenntnis motiviert uns dazu, an uns selbst zu arbeiten, um den Charakter unseres Hundes zu verbessern.

Während du dich weiter durch die Fallstudien in diesem Buch arbeitest, wirst du feststellen, dass wir praktisch alle im selben Boot sitzen. Jeder von uns hat ähnliche egobasierte blinde Flecken, die uns daran hindern, ein entspannter Alpha zu sein. Wir sind uns entweder nicht bewusst, wie sich unsere Emotionen missverständlich auf unsere Hunde übertragen, oder wir nehmen die Emotionen unserer Hunde nicht wahr, mit denen sie mit uns kommunizieren. Die Geheimsprache der Hunde ist keine hochkarätige Wissenschaft, auch wenn es zunächst etwas Übung braucht, um sich mit ihr vertraut zu machen. Kinder und Hunde nutzen sie die ganze Zeit, ohne darüber nachzudenken. Wenn du die Methoden der Geheimsprache immer öfter übst, wird dein Bewusstsein wie von selbst erblühen.

Zweifellos wirst du viele Aha-Erlebnisse haben, wenn du plötzlich erkennst, wie sich deine Präsenz jederzeit entscheidend auf das Verhalten deines Hundes auswirkt. Dein Hund wird tatsächlich zu deinem Guru. Die Möglichkeit, allein durch dein Verhalten und deine Präsenz das Temperament deines Hundes zu verbessern, inspiriert dich dazu, an dir selbst zu arbeiten. Ihr werdet beide unweigerlich einen Wandel vollziehen. Dein Hund wird zufriedener, ruhiger und aufmerksamer, während du mit der Zeit klarer, entspannter und energiegeladener wirst.

Trainingstipps

Die Geheimsprache der Hunde

1. Hunde erleben drei Kategorien von Gefühlszuständen:

- Etwas ist angenehm, es bestätigt ihr momentanes Verhalten.
- Etwas ist unangenehm, es führt dazu, dass sie mit ihrem momentanen Verhalten aufhören.
- Entspannung, die bevorzugte natürliche Schwingung, die vermittelt, dass alles in Ordnung ist.

2. Wenn du deinem Hund ein Kommando gibst, achtet er als Kommunikationshilfe mehr auf deine emotionale Energie als auf deine Worte. Er spürt deine Gefühle und das, was dein Körper sagt.

3. Wenn du deinen Hund zu dir rufst, sollte nur wenig Aufregung in deiner Stimme sein und deine Körperhaltung nicht bedrohlich wirken. Das weckt Vertrauen in ihm und motiviert ihn, schnell zu dir zu kommen. Wenn du ihn hingegen fixierst oder eine ängstliche Stimme hast (weil er nicht hören will), hat er keinen Grund zurückzukommen.

4. Je ruhiger du bist, desto intensiver wird deine entspannte Alpha-Kraft. Die Ruhe schafft den Gegenpol zu deinen Emotionen. Dadurch verändert sich deine energetische Ausstrahlung deutlich, was dein Hund mit Leichtigkeit wahrnimmt.

5. Wie bei jeder Fähigkeit braucht das Erlernen der Geheimsprache der Hunde etwas Zeit. Dafür sind die Ergebnisse jedoch fast sofort erkennbar.

Meditation

Gehen mit Gelassenheit

Geh einmal auf einem einsamen Naturpfad allein spazieren. Halte deinen Blick auf den Boden, etwa drei Meter vor dir. Obwohl du dich auf diesen einen Punkt konzentrierst, erweitere dein Gesichtsfeld, um so viel wie möglich wahrzunehmen. Tu dies so lange, bis du dich mit dieser neuen Empfindung wohlfühlst und dich entspannen kannst. Du kommst möglicherweise in eine Art Flow-Erlebnis, in dem sich deine Wahrnehmung erweitert und dein plappernder Geist still wird. Allein die Tätigkeit des achtsamen Gehens erzeugt das Gefühl der Gelassenheit. Übe diese Art des Gehens allein. Wenn du dich daran gewöhnt hast, nimm deinen Hund mit in dein meditatives Gehen.

Richte deine Aufmerksamkeit auf deinen Körper und seine Verbindung zur Erde. Mit jedem Schritt verbinde dich über deine Fersen mit der Erde und rolle dein Gewicht nach vorne über die Zehen ab. Spüre, wie sich die Schwerkraft auf sanfte und ausgeglichene Weise durch deinen Körper bewegt. Beobachte, wie die Energie über deine Beine in dein Becken und über den Bauchnabel nach oben fließt. Nimm wahr, wie sie weiter in deine Brust aufsteigt bis zu deinen lockeren Schultern. Spüre, wie sich deine Arme entspannen und deine Finger kribbeln. Alles ist locker, und dein ganzer Körper fühlt sich an wie die Perlen auf einer Kette, die miteinander verbunden sind. Denke darüber nach, wie wahr es ist, dass Bewegungen Emotionen hervorrufen.

3

Grundsätze des achtsamen Hundetrainings

Schweigen ist ein Segen des Universums. Je mehr wir uns mit dem hochsensiblen, triebhaften und nonverbalen Bewusstsein unseres Hundes auseinandersetzen, desto besser wird die Qualität unserer Beziehung zu ihm. Letztendlich sind wir in der Lage, uns mit ihm auf einer viel höheren Ebene zu verbinden und zu kommunizieren, als wir es uns vorstellen können. Manchmal sogar telepathisch.

Schweigen ist Gold

Um die Ergebnisse zu erläutern, die wir mit grundlegenden Trainingsübungen im Schweigen erzielt haben, schauen wir uns Nate und seinen zweijährigen zotteligen Goldendoodle Leo an. Nate war vor fast zehn Jahren Kunde bei Woof & Schloof, einem Hundesalon. Er war ein meisterhaft entspannter Alpha.

Unsere Wege kreuzten sich jeden Morgen um sechs Uhr dreißig. Ich schlürfte meinen Kaffee im Straßencafé, meditierte, blickte in die Sonne und bereitete mich mental auf meinen Tag vor. Immer zur gleichen Zeit sah ich Nate die Straße herunterlaufen mit Leo, ohne Leine und mit einem übergroßen blauen Stock zum Werfen über seiner Schulter. Leo folgte ihm einfach wie ein gehorsamer Soldat, während seine Zunge aus dem Maul heraushing.

Als Nate sich der Ampel in der Nähe des Cafés näherte, nahm er das erste Mal Augenkontakt mit Leo auf, um ihn auf ein kontrolliertes, schweigendes und energisches Kommando vorzubereiten. Mit seinem Apportierholz tippte er Leo leicht auf den Nacken. Der Hund machte sofort Sitz und wartete fokussiert auf das nächste Kommando. Als die Ampel auf Grün sprang, schnalzte Nate mit der Zunge, und Leo sprang auf und folgte seinem Herrchen seelenruhig bis zur Eingangstür des Cafés. Nate flüsterte ihm etwas zu, und Leo ließ sich auf den Bauch fallen. Er heftete seinen Blick auf die Fensterscheibe und wartete treu und ergeben auf Nates Rückkehr.

Während ich dies beobachtete, fiel mir auf, wie sehr sich Leo von den anderen mir bekannten Hunden unterschied. Er war ruhig, vollkommen auf Nate eingestellt und unglaublich gutmütig für einen solchen jungen Hund. Man konnte Leo vertrauen, er war straßensicher und folgte seinem Herrchen ohne Zögern. Nate blickte nicht einmal in meine Richtung, als er das Café verließ. Er schnalzte einfach noch einmal und ging langsam den Bürgersteig hinunter, ohne sich umzusehen. Leo, durch das Schnalzen konditioniert, sprang auf und folgte ihm.

Nates Beispiel veranschaulichte meisterhaft, wie das Geheimnis des Schweigens wahrhaft funktioniert. Wenn wir unruhig und laut sind, schalten unsere Hunde, unsere Lieben, unsere Freunde und Kollegen einfach ab. Wenn wir schweigsam sind, lassen sie sich auf uns ein. Als Nate den Coffeeshop verließ, schnalzte er aus seiner Kehle heraus, wodurch sich Leo vollkommen auf ihn fokussierte, obwohl ihn viele ablenkende Straßengeräusche umgaben. Leo folgte dem Schnalzen und lief seinem Herrchen sofort auf dem Bürgersteig hinterher. Ich bin davon überzeugt, dass Nate mit seinem Hund Leo in Schweigen trainiert, spazieren geht und mit ihm lebt.

Ein Lebensstil des Schweigens verleiht uns Superkräfte und macht uns zu einem fähigen entspannten Alpha. Als Nate sich von seinem nicht angeleinten Hund entfernte, ohne sich umzudrehen, lief er nicht einfach blindlings davon. Nate lauschte ganz genau. Vor seinem geistigen Auge sah er das, was seine Ohren hörten: Leos Stöhnen beim Aufstehen, seine Krallen, wie sie auf den Asphalt trafen, als er sich in Bewegung setzte. Er hörte das rhythmische Klimpern der Metallanhänger an Leos Halsband. Obwohl Nate distanziert wirkte, lag seine Aufmerksamkeit auf den Geräuschen, die sein Hund machte. Aus all diesen Geräuschen konnte Nate die Geschwindigkeit und Position seines Hundes ausmachen, der hinter ihm hertrottete. Dabei brauchte er sich nicht einmal umzusehen.

Im spirituellen Sinne könnten wir fälschlicherweise meinen, dass Stille die Abwesenheit von Lärm bedeutet. Beispielsweise könnten wir von unseren Yogalehrern denken, sie hörten ausschließlich die glückselige Stille der Leere in ihrer Meditation. Das ist ein völliges Missverständnis. Sie hören alles und bleiben dennoch ruhig.

Diese Welt ist voller Lärm, und obwohl wir ihn ausblenden können, entkommen wir ihm und seinen Schwingungen nicht. Auch dein Hund hört alles, genau wie der Meditationsmeister! Der Wind macht Geräusche, genauso wie der Regen, Elektronik macht Lärm, unser Atem ist nicht geräuschlos. Wenn wir einen meditativen Lebensstil pflegen, beginnt sich unser Bewusstsein zu entwickeln. Wir hören dann Geräusche, ohne von ihnen abgelenkt zu sein. Zufälligerweise ist das oft genau das, was wir unserem Hund beibringen wollen: auf Wahrnehmungen nicht sofort zu reagieren. Aus der Sicht eines entspannten Alphas bedeutet Stille einfach die Fähigkeit zu üben, auf äußere Geräusche und die innere Gefühlswelt nicht zu reagieren. Gedanken und Gefühle sind, ebenso wie Geräusche, ein endloser Fluss von Energie. Unsere Beziehung zu diesem „Lärm" bestimmt unsere energetische Ausstrahlung auf unseren Hund. Wir können dadurch einen Unterschied machen zwischen der gleichmäßigen Ausstrahlung von Ruhe und den Emotionen, die wir durch unser erlerntes Verhalten erregen.

Wenn du damit anfängst, mit deinem vierbeinigen Begleiter in Stille Gassi zu gehen, ihn in Stille zu trainieren und mit ihm zu üben, in Stille achtsam in seiner Nähe zu sein, entdeckst du, wie er auf jede deiner Bewegungen achtet. Wenn du etwas tust, bemerkt er es. Wenn du ein Kommando gibst, gehorcht er. Dein Schweigen wird nicht als fehlende Anwesenheit missverstanden. Das Gegenteil ist vielmehr der Fall: Schweigen lässt eine entspannte Alpha-Kraft wachsen.

Das Geniale an Wiederholungen

Eines der mir bekannten wohlgehüteten Geheimnisse der Hundeerziehung besteht in der Taktik, deinen Hund mit sehr einfachen, aber vorhersehbaren Abfolgen in Hypnose zu versetzen, wie „Stopp", „Los", „Sitz" und „Platz". Wie du bald feststellen wirst, besänftigen wiederholbare Abläufe die Reaktivität deines Hundes, beruhigen seinen Geist und lenken seinen Fokus auf dich. Für mich beschreiben diese Eigenschaften das, was einen perfekten Hund ausmacht, unabhängig von Alter, Rasse oder Lebensweise.

Schauen wir uns ein extremes Beispiel an, damit du eine Vorstellung von der Anwendung dieser Technik hast und deinen Vierbeiner beruhigen und ihn von übermäßiger Aufregung oder Ängstlichkeit befreien kannst und selbst die entspannte Alpha-Kraft entwickelst.

Ich habe einmal einen unglaublichen Trainer namens David erlebt, der mit einem Pitbull-Rüden aus dem Tierheim arbeitete. Dieser Hund vertraute keiner Menschenseele, seine Augen strahlten eine Wildheit aus, die sogar mir Angst machte. David zähmte ihn und entwickelte eine unvorstellbare Bindung zu dem Tier, indem er nichts weiter als zwei Milchkästen, eine Lederleine und einen reproduzierbaren Ablauf einsetzte.

Eine Grundlage für Davids Training zu schaffen war nicht leicht, denn allein das Anleinen machte diesen Rüden rasend vor Wut. Er schnappte, knurrte und stürzte sich auf David und hoffte dabei, mit seinem angsterregenden Verhalten seinen neuen Trainer im Zaum zu halten. Als wahrer entspannter Alpha brachte David dem Hund eine natürliche, liebevolle Gelassenheit entgegen. Während andere Zuschauer an der Vernunft des Trainers zweifelten, beobachtete ich ihn ehrfürchtig, wie er die unverstandene Bestie zu einem blauen Milchkasten führte.

David lockte den großen Pitbull beiläufig, auf dem kalten blauen Milchkasten zu stehen. Er konnte nirgendwo anders hin, und nach etwa dreißig Sekunden unbequemen Balancierens setzte sich der Pitbull aus eigenem Antrieb hin. Sobald er saß, lobte David ihn sanft, als wäre das Ganze keine große Sache gewesen.

Genau genommen war dieses Geschehen eine unglaublich große Sache. Im Tierreich bedeutet das Hinsetzen den Akt der Unterordnung oder eine emotionale Auslieferung. David hatte den Pitbull mit einem geschickten Trick dazu bewegt, ein Beruhigungssignal auszusenden. Wohin der Körper geht, dahin geht auch der Geist.

Ohne einen Ton zu sagen, führte David den Pitbull vom Kasten und durch den Raum, wo er ihn noch einmal zum Stehen auf einen zweiten Milchkasten lockte. Dieses Mal setzte der Hund sich viel schneller hin. Die Genialität dieser einfachen wiederholbaren Abfolge war also bereits in vollem Gange. Als sie ein paar Minuten lang von Kasten zu Kasten hin und her gingen, veränderte sich die Stimmung des Pitbulls auf magische Weise. Seine Angst verflog. Er schnappte und knurrte nicht mehr, er beruhigte sich, fasste Vertrauen und freute sich, seinem neuen entspannten Alpha zu gehorchen. Der Pitbull begann sogar, zwischen den Kästen hin und her zu traben. Er strahlte vor Stolz und war voller Freude.

Solche Wiederholungen besänftigen den Geist und versetzen ihn in einen tiefen meditativen Zustand der Ruhe. Dadurch können wir der Konditionierung unseres Hundes, einem getriggerten Reiz nachzugeben, entgegenwirken. Nehmen wir einmal an, dein Hund ist übermäßig auf Eichhörnchen fixiert. Du möchtest sein Jagdverhalten in diesem Punkt umprogrammieren. Führe ihn in einen Park voller Eichhörnchen und lasse ihn auf eine Parkbank springen, wo er sich setzen soll. Sobald er Sitz gemacht hat, lasse ihn wieder von der Bank springen und unten auf dem Boden Sitz machen.

Mit der richtigen Mischung aus sanfter Begeisterung und Geduld von deiner Seite wird der Hund sehr beschäftigt damit sein, hochzuspringen, Sitz zu machen, herunterzuspringen und wieder Sitz zu machen. Die Wiederholung dieser einfachen Kommandos entfacht im Hund den Wunsch, dir sofort zu gehorchen. In wenigen Augenblicken wird er durch die Eichhörnchen im Hintergrund nicht mehr abgelenkt. Diese einfachen Übungen haben das Bewusstsein des Hundes in einen tranceähnlichen Zustand gelockt. Ist der Geist ruhig, wird auch der Körper ruhig. Gratuliere, du hast gerade den Jagdtrieb deines Vierbeiners gebändigt.

Diese Technik wirkt nicht nur bei unseren Hunden. Sie wirkt genauso bei Menschen. Jedes Mal, wenn wir einen berechenbaren Ablauf mit unserem Körper wiederholen, besonders bei voller geistiger Konzentration auf die Aktivität, erleben wir eine tiefgreifende positive Veränderung unseres geistigen, physischen und emotionalen Zustands.

Führe mal wie ein Wissenschaftler ein einfaches Experiment durch. Wenn du das nächste Mal die Wäsche zusammenlegst, das Geschirr wegräumst oder den Garten von Kot befreien musst, beobachte was passiert, wenn du deinen Geist vollkommen auf die Sache richtest. Gib dich der Aufgabe vollständig hin. Achte auf jeden Widerstand, den dein Ego gegen diese Arbeit haben könnte.

Die Kraft der Berührung

In jeder Beziehung ist Berührung eine starke Quelle der Verbindung. Wenn Eltern uns liebevoll die Hand auf die Schulter legen, schmelzen unsere Sorgen augenblicklich dahin. Andererseits wird das Gefühl der Angst geschürt, wenn jemand mit dem Finger auf uns zeigt und eine konfliktträchtige Situation heraufbeschwört. Diese Art Energie verschließt uns schnell und ruft Widerstand hervor. Entspannte Alphas nutzen die Kraft der Berührung, um bewusst mit ihren Hunden zu kommunizieren und ihr Verhalten zu beeinflussen. Indem wir uns auf die Gefühle unseres Hundes einlassen, können uns unsere Gurus beibringen, diese achtsame Trainingsmethode zu meistern.

Um die Kraft der Berührung für die Kommunikation mit unserem Hund zu nutzen, brauchen wir ein feines Gespür. Wir müssen wissen, wann unsere Hände eine energische Verbindung herstellen sollten (um unseren Hund zu kontrollieren, wenn er aufgeregt ist) oder wann wir ihn sanft berühren sollten (um ihn zu loben für die Ausführung eines neuen erwünschten Verhaltens). Die eine Berührung ruft Angst hervor, die andere Liebe. Die eine vermittelt ein Ja, die andere ein Nein. Die eine Berührung sagt, zeige mehr von diesem Verhalten, die andere sagt, höre auf damit. Wenn unsere Hunde angespannt, ängstlich oder übererregt sind, sollten wir sie bewusst und gewollt berühren und damit ihre ureigene Art der Kommunikation imitieren. In diesen

Situationen wirkt deine Berührung sinnvoll auf die Emotion der Angst. Die Energie des Hundes beruhigt sich, weil er durch die Berührung vorübergehend aus seinem emotionsgeladenen Zustand herausgerissen wird.

Auf der anderen Seite vermittelt ein gedankenloses Streicheln des Hundes in solchen Momenten eine verwirrende Botschaft, denn sie fordert ihn auf, weiterhin aufgeregt oder ängstlich zu sein. Obwohl der Hund diese Überreiztheit als unangenehm empfindet, regt ihn dein Lob dennoch an, weiterhin energetisch unausgeglichen zu bleiben, weil er dich unbedingt erfreuen will. Denke daran: Unser Hund soll in jeder Situation zu einem glücklichen, selbstsicheren und ruhigen Hund herangezogen werden. Deine Aufgabe als entspannter Alpha liegt darin, beide Arten der Berührung zu kombinieren, um die Emotionen deines Hundes im Gleichgewicht zu halten.

Damit du ein besseres Verständnis für die Kraft der Berührung bekommst und für ihre Verwendung als Kommunikationswerkzeug mit deinem Hund, schauen wir uns Abbildung 5 an und den Fall von Cuddles' Besuch beim Tierarzt.

Abbildung 5: Die Kraft der Berührung

Eine sanfte Berührung wird von deinem Hund immer als liebevoll, lobend und ermutigend für sein momentanes Verhalten empfunden. Mit deiner Berührung verschaffst du dir auch Respekt, kannst deine Autorität kultivieren und unerwünschten Verhaltensweisen entgegenwirken.

- Durch das Berühren am Nacken machen Hunde ihre Dominanz geltend und disziplinieren sich gegenseitig.
- Wenn du die Innenseite des Oberschenkels mit gekrümmten Fingern berührst, erdet sich dein Hund an Ort und Stelle und beginnt, sich zu entspannen.

Diese Stellen sind sehr empfindlich, also achte darauf, deinen Hund dort nur sanft zu berühren (und nicht emotional aufgeladen beispielsweise mit Wut oder Frustration) – am besten mit möglichst wenig Druck und Energie. Den Hund an den markierten Stellen in der Abbildung zu berühren hat den Effekt von „Reiß deinen Hund da heraus". Das kann sehr hilfreich sein, wenn er gerade intensive Gefühle durchlebt.

Cuddles war eine verspielte dreijährige Shiba Inu, die bei mir zu Hause in Pflege war, während sich ihre „Eltern" auf einer längeren Urlaubsreise befanden. In der Zeit sollte sie ihre regelmäßige Impfung erhalten. Als wir uns der Eingangstür der Tierarztpraxis näherten, stemmte Cuddles ihre Pfoten in den Bürgersteig und klemmte ihren Schwanz fest zwischen ihre Beine. Ich spürte ihre Angst und konnte mich sofort in ihren Zustand einfühlen. Obwohl ich eine Verspätung zum Termin vermeiden wollte, fand ich es sowohl grausam für sie als auch peinlich für mich, sie einfach über den Bürgersteig zu schleifen. Ich beschloss, meine Energie besser dafür einzusetzen, ihr mit der Kraft der Berührung zu zeigen, dass sie eigentlich keine andere Wahl hatte.

Ich schnappte mir Cuddles und trug sie wie einen Fußball in die Tierarztpraxis. Das behagliche Gefühl zwischen ihrem und meinem Körper beruhigte sie nur ein wenig und nahm ihr in dem Moment etwas Angst. Aber es hielt nicht lange an. Als ich die Tür zur Praxis öffnete, fing ihr Herz erneuert an zu rasen. Allein die Anwesenheit im Wartezimmer löste bei ihr wieder Angstzustände aus. Während die entspannte Energie meines Körpers beruhigend auf sie wirkte, war sie nur eine emotionale Krücke. Es war Zeit für Cuddles erwachsen zu werden und ein großes Mädchen zu sein.

Ich setzte mich auf einen Stuhl und legte Cuddles auf den Boden zwischen meine Füße. Sie hatte zu viel Angst, um den Schutz, den ihr meine Beine boten, wahrzunehmen, und wollte instinktiv aus dem Wartezimmer fliehen. Mit der Kraft der Berührung zog ich sie sanft an ihrem Nacken zurück zwischen meine schützenden Beine. Meine plötzliche bestimmende Berührung ernüchterte sie. Instinktiv wusste sie, sie musste sich jetzt ergeben. Mit einem Hund über seinen Nacken – einem ihm vertrauten Punkt der Verbindung – Kontakt aufzunehmen, signalisiert Status und Autorität. Cuddles verstand die Absicht meiner Botschaft, nämlich den Befehl, auf dem Boden zwischen meinen Beinen zu bleiben und bis auf weiteres zu warten.

Ihr Körper zitterte mittlerweile, während sie die unverdauten und unangenehmen Gefühle verarbeitete, die in ihrem Körper und Geist aufgeflammt waren. Als ihr entspannter Alpha wollte ich Cuddles zeigen, dass sie in Sicherheit war. Wenn wir unsere intensiven Gefühle von einem Ort der Ruhe aus anerkennen, kann Heilung auf einer tieferen Ebene geschehen. Denn wir erlauben der angestauten Energie, sich aus unserem Körper zu lösen. Allzu oft wollen unsere Hunde (wie auch wir) von diesen verschütteten Gefühlen weglaufen. Wenn wir uns jedoch bewusst auf diese Welle der Energie einlassen, wird sie aus unserem Körper fließen können. Ehrlich gesagt hinterlässt diese doch intensive Erfahrung am Schluss ein Gefühl der Euphorie.

Manche empfinden diese Methode als anstrengend, denn sie zwingt unseren Hund, durch eine momentane unangenehme Erfahrung durchzugehen. Wenn wir jedoch wählen müssen zwischen der lebenslangen Angst deines Hundes vor einem Tierarztbesuch oder ein paar Minuten Unbehagen, gefolgt von der Auflösung alter Angstmuster, liegt die Entscheidung für viele von uns auf der Hand.

Mit meinem Zeigefinger imitierte ich das Gefühl eines Zahns und drückte locker die Spitze von Cuddles Steißbein nach unten, um sie zum Sitzen zu bewegen. Wenn Hunde stehen, berühren sie den Boden nur mit einem Bruchteil ihrer Körperoberfläche. Wenn sie dagegen sitzen oder liegen, sind sie mit der Energie der Erde verbunden, und emotionale Heilung und Geborgenheit können sich besser einstellen.

Ich musste Cuddle nur mit leichtem Druck meiner Fingerspitze dazu bewegen, sich zu setzen. Sie stieß ein großes Gähnen aus und schüttelte die Energie aus ihrem Körper wie eine nasse Ente. Sie legte sich dann vorsichtig auf den Bauch, als ob sie die Erde bitten würde, ihr den Stress abzunehmen. Ihr Körper bebte noch ein paar Sekunden, dann überließ sie sich ganz dem Boden und legte ihre Schnauze zufrieden ab. Ich war sehr glücklich über diese Wandlung, sodass ich die nächste Viertelstunde damit verbrachte, ihren Kopf zu streicheln und ihre Ohren zu massieren. Gerade als ich dachte, die Situation sei unter Kontrolle, sandte uns das Schicksal eine weitere Versuchung.

Plötzlich betrat eine Frau mit ihrem kleinen, lebhaften Chihuahua-Welpen die Praxis. Er schaute Cuddles an, ging sofort in die Vorderkörpertiefstellung und knurrte aufgeregt. Seine verspielte Körpersprache animierte Cuddles dazu, den gegenwärtigen Augenblick als phantastische Einladung zum Spielen zu empfinden. Eine Tierarztpraxis ist meiner Meinung nach jedoch kein Ort, um miteinander zu spielen. Sind Hunde angeleint und befinden sie sich auf engem Raum, ist es sehr ratsam, ihr Verhalten nicht eskalieren zu lassen und sie in eine entspannte Position des Stehenbleibens zu bringen. Jede Aufforderung zum Spiel sollte verhindert werden, da sie den Hunden die falsche Botschaft vermittelt. In einem Warteraum befinden sich noch weitere Hundepatienten, von denen einige krank sind. Er sollte ein Ort der Ruhe sein.

Offensichtlich kannte Cuddles diese Erwartungshaltung noch nicht. Sie sprang vom Boden auf, wedelte stürmisch mit ihrem Schwanz und wollte die spielerische Aufforderung des Chihuahuas sofort annehmen. Sie war bereit!

Instinktiv nutze ich wieder die Kraft der Berührung, um mit ihr zu kommunizieren. Ich legte meine Finger sanft an die Innenseite ihres Hinterbeins und hinderte sie daran, nach vorne zu laufen. Mit dieser Berührung hatte sie nicht gerechnet, und als sie zurückblickte, sah sie mein bestimmenden, entspannten Alpha-Blick, der sie fixierte und zum Ausdruck brachte: „Es wird jetzt überhaupt nicht gespielt, junge Frau. Bleib in der Schutzzone meiner Beine." Sie blinzelte und zeigte damit ihre Einsicht. Ich schaute weg als Antwort auf ihren Blick und unterbrach bewusst die verbotene Körperhaltung. Damit bestätigte ich ihre Botschaft.

Der Ablauf der Körpersprache zwischen Herrchen oder Frauchen und Hund ist ein Beispiel für eine effektive nonverbale Konversation. Unsere kurze Unterhaltung war vorbei, und wir waren uns wieder einig. Doch Vorsicht: Der Bauch des Hundes ist die empfindlichste Stelle, an dem man ihn berühren kann. Deshalb sollten wir den Hund hier besonders vorsichtig anfassen, wenn wir Kontakt herstellen. Ein zu fester Druck kann ihn erschrecken oder verletzen.

Cuddles Erlebnis in der Tierarztpraxis zeigt, wie die Kraft der Berührung für Entspannung sorgt. Sie funktionierte sowohl bei ihrer Angst als auch bei ihrer Aufregung. Mithilfe meiner Hände und einiger Grundsätze aus der Geheimsprache der Hunde war ich in der Lage, ihre emotionalen Impulse zu verändern und ihr Verhalten zu verbessern, obwohl ich vorher keine Beziehung zu ihr hatte. Als Cuddles an der Reihe war, folgte sie mir vertrauensvoll in das Untersuchungszimmer des Tierarztes.

Wirkungen, die transformieren

Achtsames Hundetraining umfasst sehr viel mehr, als nur die Verhaltensweisen zu beeinflussen, die unsere Hunde bereits beherrschen. Die Betonung liegt viel mehr auf dem Prozess des Trainings als auf dem Inhalt. Unsere Vierbeiner wissen bereits, wie man Sitz macht, bleibt, sich hinlegt, läuft, Dinge ins Maul nimmt und aus dem Maul fallen lässt, an einem Punkt wartet oder kommt. All das haben sie bereits als Welpen für ihre Mutter getan, und ich weiß nicht, warum wir diese Tricks für so ausgefallen halten. Die Ergebnisse von Nate mit seinem Hund Leo zeigen das Potenzial, das wir alle ausschöpfen können, wenn wir diese einfachen Prinzipien in den Alltag einbinden.

Trainingstipps

Apportieren beibringen

Durch Apportierspiele können wir mit unserem Hund auf eine Art spielen, die seinem natürlichen Drang zu jagen und zu ringen entspricht. Aus diesem Grund ist Apportieren eine wunderbare Weise, unseren Hund zu trainieren. Wir können seine Energie nutzen und ihm dabei eine wiederholbare Abfolge von Kommandos beibringen. Das Apportieren wird somit zu einem Körper-Geist-Workout für deinen Vierbeiner. Übe dieses am Morgen, und du wirst sehen, wie ruhig und diszipliniert er für den Rest des Tages ist.

Phase 1 – „Aus" beibringen

1. Verwende zwei identische Arten eines Zerrspielzeugs, wie Seile oder quietschende Stofftiere.

2. Halte eins davon hinter deinem Rücken, mit dem anderen spielst du Zerren.

3. Lasse das Spielzeug los, damit es dein Hund von selbst frei halten kann.

4. Versuche nie, das Zerrspiel zu „gewinnen", indem du ihm das Spielzeug aus dem Maul reißt. Er soll sich beim Halten des Gegenstandes im Maul sicher fühlen. Und wir wollen, dass er ihn auf unser Kommando fallen lässt.

5. Zeige den zweiten Gegenstand hinter deinem Rücken. Ermutige den Hund mit dem neuen Spielzeug zu spielen. Das trainiert ihn, den vorherigen Gegenstand loszulassen, und er kommt für mehr Spaß bereitwillig zu dir.

6. Der Befehl für dieses Verhalten heißt „Aus".

7. Hebe das erste Spielzeug wieder auf, halte es hinter deinem Rücken und spiele das Zerrspiel weiter. Wiederhole diese Schritte und genieße das Spielen mit deinem Hund.

8. Nach ein paar Runden, wenn das Energieniveau des Hundes durch sein natürliches Verlangen nach dem Zerren gestiegen ist, sage ihm „Sitz" oder „Platz", bevor du das Spielzeug erneut hervorholst. Dies beschäftigt seinen Verstand und fördert die Disziplin. Gib ihm das Spielzeug, wenn er sich beruhigt hat, als Belohnung für seine gelassene Stimmung. Es soll Spaß machen.

Hinweis: Geh erst zu Phase 2 über, wenn du die Dynamik aus Phase 1 gründlich einstudiert hast.

Phase 2 – „Bring" beibringen

1. Spiele das Zerrspiel mit deinem Hund und wiederhole die obigen Schritte bis zum Befehl „Aus".

2. Anstatt ihm das zweite Spielzeug ins Maul zu stecken, wirf es ein paar Meter weit weg.

3. Motiviere den Hund, das weggeworfene Spielzeug zu bringen.

4. Wenn er dir das Spielzeug gebracht hat, belohne ihn mit einem weiteren Zerrspiel. Das dürfte einfach sein, da er es von Natur aus gern tut.

5. Nimm deine Hand vom Spielzeug und sage ihm „Aus".

6. Wiederhole diesen Zyklus und steigere allmählich die Entfernung zum Werfen des Spielzeugs.

Meditation

Der Abwasch

Bei der klassischen Meditation denken wir oft an Anweisungen, die sich auf die Stille, das Schweigen und die bewusste Aufmerksamkeit auf den Atem beziehen. Viele überfordert allein der Gedanke daran, sich am Tag Zeit für eine Meditation zu nehmen. Der Buddha sagte jedoch, das brauche man eigentlich nicht zu tun. Er lehrte einen völlig anderen Meditationsstil für diejenigen, die tagsüber zu beschäftigt sind, um Zeit für die traditionelle Art der Meditation zu finden. Die Einfachheit dieses Stils macht ihn zu einer fortgeschrittenen Methode. Buddha meinte, jede Aktivität sei eine Gelegenheit für uns, unser Bewusstsein tief in den gegenwärtigen Augenblick eintauchen zu lassen. Schauen wir uns an, wie wir den Akt des Abwaschens als eine Möglichkeit nutzen können, uns in einen entspannten Alpha zu transformieren.

Lasse den Abwasch sich stapeln, tauche dann ein in die Genialität der Wiederholung als Übung. Schalte klassische Musik ein oder arbeite in Stille. Stehe, die Füße schulterbreit auseinander, vor der Spüle. Atme bewusst drei Mal ruhig ein und aus durch die Nase. Achte dabei auf den Raum zwischen der Ein- und der Ausatmung und den Abstand zwischen der Aus- und der Einatmung. Atme nun ganz natürlich und beobachte, wie dein Atem seinen eigenen organischen Rhythmus findet. Jede sich wiederholende Tätigkeit als Meditation zu betrachten, erlaubt es uns, uns mit unserem Körper zu verbinden, uns auf unsere Gedanken einzulassen und uns zu zentrieren. In diesem Sinne können wir jede monotone Aufgabe, gegen die unser Ego Widerstand leistet, in eine Meditation verwandeln, die uns demütig werden lässt und uns inneren Frieden schenkt.

Greife den Wasserhahn und spüre die Temperatur des Metalls, indem du dich auf die Tastempfindung konzentrierst. Drehe den Wasserhahn vorsichtig auf und verschließe die Spüle mit einem Abflussstopfen. Lausche dem beruhigenden Rauschen des fließenden Wassers, während es das Becken füllt. Welche Temperatur hat es? Wie fühlt es sich an Handgelenken und Armen an, wenn die Temperatur wärmer oder kälter wird? Sei dir bewusst, wie viel Wasser du verbrauchst: Es ist ein kostbares Gut.

Greife achtsam nach dem Spülmittel. Spritze eine angemessene Menge ins Wasser und versuche, den kindlichen, beeindruckenden Zauber wiederzuentdecken, den Seifenblase ausstrahlen. Beginne systematisch jeden einzelnen Teller zu säubern. Höre auf die Geräusche, die beim Abbürsten der Essensreste entstehen. Höre auf das rauschende Seifenwasser. Spüle die Teller aufmerksam ab und staple sie zum Trocknen. Während du diesen Ablauf wiederholst, achte auf die Empfindung in deinen Händen, wenn sie sich zwischen Wasser und Luft hin und her bewegen. Beobachte, wie das Wasser vom sauberen Teller hinunterrinnt, ohne auf ein Hindernis zu treffen. Durch die regelmäßige Praxis der Meditation erkennen wir, wie wir unsere Gedanken frei durch uns fließen lassen können, genau wie Wasser.

Während du diesen Ablauf mehrfach wiederholst, achte auf dein Bewusstsein. Ist dein denkender Verstand zur Ruhe gekommen? Bist du auf natürliche Weise mit deiner Umgebung verbunden? Spürst du, wo sich dein Hund gerade in der Wohnung befindet? Nimmst du andere Geräusche wahr, wie beispielsweise die Klimaanlage, den Kühlschrank oder den Ofen? Wenn du mit Abwaschen und Spülen fertig bist, nimm ein frisches Geschirrtuch und trockne jedes Geschirrteil gründlich ab. Versuche einmal, jedes einzelne Teil geräuschlos wegzuräumen. Übe dich in der Kunst, nicht zu den äußeren Geräuschen in der Umgebung beizutragen. So lernen wir, die Stille zu schätzen. Das ist eine wesentliche Voraussetzung dafür, dass sich andere auf uns einstellen können.

4

Kommandos mit Respekt und Liebe erteilen

Eines Morgens erhielt ich einen verzweifelten Anruf von Grace, einer 70-jährigen Frau, die allein mit ihrem übergroßen Schäferhund Zeus in einer Penthouse-Wohnung im zwölften Stock in Toronto lebte. Die unzähligen Probleme von Zeus waren außer Kontrolle geraten. Grace fühlte sich hilflos und war mit ihrem Latein am Ende. Zu allem Überfluss wollten Gäste nicht mehr zu ihr kommen, da ihr Hund aggressiv knurrte, wenn sie zur Tür hereinkamen. Grace fühlte sich isoliert und beunruhigt.

Wenn Grace mit Zeus nach draußen ging, stürzte er sich auf ahnungslose Hunde und zog jede Menge negative Aufmerksamkeit auf sich. Das Fahren im Fahrstuhl war besonders traumatisierend, weil er sich erfahrungsgemäß auch dort auf Menschen stürzte. Vor kurzem wollte ein Kind Zeus im Treppenhaus von Graces Wohnung streicheln, aber er erschreckte den Jungen und warf ihn um. Livid, die Mutter, reichte eine offizielle Beschwerde bei der Tierschutzbehörde ein. Graces Stimme überschlug sich am Telefon, als sie erklärte, das Tierheim würde sie bei einem weiteren Vorfall zwingen, Zeus abzugeben. Ich erwiderte, ich käme sofort vorbei, um ihr zu helfen.

Bevor ich mich ins Auto stürzte, nahm ich mir zwanzig Minuten Zeit zum Meditieren mit der Absicht, eine entspannte Alpha-Haltung aufzubauen. Als entspannter Alpha hat man eine gelassene Geisteshaltung und ist im Einklang mit seinen Gefühlen. Man handelt aus einer tiefen Präsenz heraus und kann die Dinge klar einschätzen, so wie sie sind. Da der Alpha mit dem Jetzt verbunden ist, beherrscht er seine körperlichen Reaktionen und setzt Körperhaltung und Augenkontakt bewusst ein, um die Energie anderer auszugleichen und zu steigern. Bei der Verwendung der Geheimsprache der Hunde strahlt ein entspannter Alpha Emotionen aus, die sein Haustier mit der Wärme wohlwollender Führung, mit Schutz und Sicherheit umgeben. Wie ein ritterlicher Heerführer übernimmt ein entspannter Alpha die Kontrolle über eine Situation, wenn es nötig ist. Natürlich tut er das in einer liebevollen und einfühlsamen Art.

Eine friedliche Präsenz aufbauen

Als ich bei Graces Wohnung ankam, fiel mir als Erstes das Warnschild „VORSICHT HUND" auf, das an ihrer Haustür hing. Zeus hatte meine Anwesenheit bereits von drinnen bemerkt und fing mit einem donnernden Bellen an, das im Treppenhaus widerhallte, lange bevor ich an die Tür klopfen konnte. „Zurück, Zeusy, geh zurück, Zeusy", trällerte Grace vergeblich ihr Kommando.

Bevor Grace die Tür öffnen konnte, sprang ich drei Meter im Flur zurück, um die territoriale Bedrohung, als die mich Zeus wahrnahm, zu entschärfen. Die Tür wurde plötzlich geöffnet, und Zeus preschte durch den Spalt und mit Halbdampf auf mich zu.

Grace tat so, als sei ihr das peinlich. „Zeusy, Zeusy, hör auf", sang sie und lobte sein beschützendes Verhalten unbewusst bereits zum zweiten Mal in kürzester Zeit.

Ich drehte mich um neunzig Grad nach links und hielt mein Blick nach unten gerichtet. Mit dem Rücken lehnte ich mich an die Wand. Diese unübersehbaren Beruhigungssignale vermittelten Zeus meine friedlichen Absichten. Aber ob das reichen würde?

Mein Herz begann zu klopfen, als Zeus in gerader Linie auf mich zu trabte. Ich spürte, wie er mich mit seinem Blick musterte. Sein Verhalten signalisierte Durchsetzungsstärke und Dominanz. Ich hatte erwartet, dass Zeus den Blick senkte oder den Kopf zur Seite wendete, um den Blickkontakt mit mir zu vermeiden. Beides wäre eine klassische Geste gewesen, um friedliche Absichten mitzuteilen. Während mich das konfrontative Verhalten von Zeus erschreckte, spürte ich eine liebevolle, nicht sozialisierte und missverstandene Seele, die sich in ihm verbarg.

Bevor ich nachdenken konnte, schnüffelte er mit seiner riesigen Schnauze am Schritt meiner Jeans. Ich atmete bewusst weiter und verlängerte meine Ausatmung, um ruhig zu bleiben, während er mich wie einen anderen Hund abcheckte. Ich erkannte bereits, dass sein aggressives Verhalten zurückzuführen war auf Fehlkommunikation und einen allgemeinen Mangel an Sozialisierung. Er dachte, sein Frauchen brauche seinen Schutz. Er tat einfach sein Bestes.

Unsere größten blinden Flecken

Grace führte mich ins Wohnzimmer und bot mir die Couch zum Sitzen an, die reichlich mit schwarzen und goldenen Hundehaaren bedeckt war. Zeus blieb mir dicht auf den Fersen und setzte sich dann auf meinen Fuß. Er wirkte entspannt und überließ sich bereits der natürlichen Führung, die er durch meine friedliche Präsenz, meine Körpersprache und die Einstimmung auf seine Beruhigungssignale spürte. Ich streichelte sanft sein Ohr, ohne ihn anzuschauen, und verstärkte die Ausstrahlung der Ruhe. Kurz darauf ließ sich Grace mir gegenüber nieder und lockte Zeus zu sich. Er gehorchte ihr brav.

Grace streichelte Zeus nervös, während sie die beunruhigenden Geschichten über sein Ansprungverhalten im Fahrstuhl, die Vorfälle bei Spaziergängen und die Verwarnung der Tierschutzbehörde erneut erzählte. Ihr negativer Gedankenstrom rief viel innere Unruhe hervor, weshalb es Grace schwerfiel, präsent zu bleiben. Zeus spürte den Stress seines Frauchens und fing an, häufig zu gähnen, um die Energie aufzulösen. Mir fiel auf, dass er zwischen Grace und mir stand und die schützende Körperhaltung ihr gegenüber eingenommen hatte. Sie streichelte ihn, um sich selbst zu beruhigen, aber ihre sanfte Berührung ermutigte ihn unbewusst, ihren Leibwächter zu spielen.

Ich unterbrach Grace und erklärte ihr, wie sich unsere emotionale Energie auf unsere Hunde überträgt, wenn wir sie streicheln. Es mag sich für uns sehr heilsam anfühlen, sie zu streicheln, wenn wir verzweifelt sind, aber unsere Gefühle übertragen sich auf unsere Hunde. Karma lehrt uns, dass wir früher oder später das zurückbekommen, was wir aussenden (auch wenn wir unbewusst geben). Da Energie weder zerstört noch geschaffen werden kann, reduzieren wir unseren Hund ungerechterweise auf eine emotionale Wiederaufbereitungsanlage, wenn wir uns durch das Streicheln vorübergehend von der Last unserer Neurosen erleichtern wollen.

„Wir gönnen jetzt Zeus mal eine Streichel-Pause", schlug ich vor. Ich erinnerte sie daran, dass der Hund nur in der Gegenwart lebt. Eine liebevolle Berührung verstärkt ihn nur darin, mehr von dem zu tun, was er gerade tut. Zeus hatte die unbewussten Handlungen von Grace falsch verstanden. Instinktiv deutete er die Berührung als Lob, weil er sie beschützt hatte. Als Grace mit dem Streicheln aufhörte, füllte sich der Raum mit einer tiefen, kontemplativen Stille. Die Veränderung der Energie hatte einen einschneidenden Einfluss auf das Verhalten ihres Hundes.

Zeus stand mittlerweile so, dass unsere Körper in Form eines Bogens miteinander verbunden waren. Diese vertrauliche Körperhaltung, die uns miteinbezog, ermöglichte ihm ein Gefühl der Verbundenheit mit uns allen, ohne direkten Blickkontakt mit jemandem zu haben. Bald veränderte er seine Haltung vom Stehen zum Sitzen, dann zum Liegen mit erhobenem Kopf, den er schließlich zum Ruhen auf dem Boden legte. Zeus war nun friedlich entspannt. Jede Position diente als Beruhigungssignal, die ihn in eine immer tiefere Entspannung brachte. Tiefer als auf den Boden hätte er nicht sinken können, selbst wenn er es versucht hätte. Zeus gähnte und leckte seine Schnauze, um den letzten Rest Stress loszuwerden, bevor er sein Kinn auf den Boden plumpsen ließ.

Bei der Gelegenheit wies ich Grace darauf hin, dass sie seinen Namen jedes Mal sang, wenn sie ahnte, dass er etwas Böses vorhatte: Sie sang seinen Namen, als er die Wohnungstür bewachte, dann noch einmal, als Zeus mich im Gang begrüßte. Ich stellte auch fest, wie Zeus bereits ruhig und entspannt neben meinem Fuß lag, als wir uns anfangs ins Wohnzimmer setzten. Jedoch hatte er während dieser Zeit eine beschützende Körperhaltung vor Grace eingenommen, was die Sache verschlimmerte. Die Fehlkommunikation war offensichtlich.

Grace hatte die beste Möglichkeit, das Verhalten von Zeus zu verändern, indem sie einfach ihr eigenes änderte. Sie hatte nie bemerkt, dass Zeus immer vor ihr stand, egal wohin sie gingen. Er positionierte sich vor ihr im Fahrstuhl, er stand vor ihr in der Wohnung, er lief sogar vor ihr. Zeus kontrollierte sämtliche Positionen! Damit Zeus ruhiger wurde und ein angenehmes Verhalten an den Tag legte, musste Grace sich zu einem entspannten Alpha entwickeln, ihre Körperhaltungen beherrschen und die richtigen Verhaltensweisen von Zeus im richtigen Augenblick loben. Dieses begriff sie langsam.

Begegnungen auf gerader Linie

Fast jeder Kunde, mit dem ich jemals gearbeitet habe, hat mindestens eine der folgenden problematischen Verhaltensweisen mit seinem Hund erlebt: mit Joggern, Kinderwagen, Fremden, angeleinten Hunden oder beim Straßenverkehr. Interessanterweise bietet uns die Geheimsprache der Hunde eine einfache Erkenntnis und Lösung für all diesen Szenarien. Dieses Thema wird in Abbildung 6 am Ende dieses Abschnitts näher erläutert.

Im Tierreich haben sowohl Raubtiere als auch Beutetiere Angst davor, sich auf einer geraden Linie zu nähern. Sie tun dies nur, um sich mit Absicht einen Vorteil zu erobern, sich selbst zu schützen oder das Gegenüber einzuschüchtern. Aus der Perspektive eines Hundes gibt es in der Welt der Menschen jedoch alle Arten von unausweichlichen Begegnungen auf dieser geraden Linie.

Betrachten wir einmal das tägliche Leben – die Art und Weise, wie Menschen miteinander von Angesicht zu Angesicht sprechen, wie Kinder ihre Hand ausstrecken, um einen Hund zu streicheln, oder wie du dich direkt in einer geraden Linie auf deinen Hund zubewegst, um ihn anzuleinen. Diese Verhaltensformen haben eine liebevolle Absicht, auf unsere Hunde wirken diese unbewussten Handlungen jedoch beängstigend. Viele Hunde können sich zwar an unsere Lebensweisen gewöhnen, aber wir könnten unser Verhalten ebenso leicht anpassen, um mehr Vertrauen und Respekt von unseren haarigen Gurus zu erhalten.

Abbildung 6: Begegnungen auf gerader Linie

Ein Tier mit friedlichen Absichten nähert sich grundsätzlich einem anderen Tier niemals auf einer geraden Linie (es sei denn, das Tier ist extrem unsozialisiert). In der Natur ruft eine geradlinige Bewegung sehr viel Angst hervor. Hunde setzen diese Bewegung absichtlich ein, wenn sie ihre Dominanz zeigen, eine Ressource in Besitz nehmen oder ein anderes Tier einschüchtern wollen.

In der Welt der Menschen, die voller Bürgersteige und Flure ist, scheinen alle Wege in geraden Linien angelegt zu sein. Kein Wunder, dass Dinge wie Skateboards, Rollerblades, Einkaufswagen und Kinderwagen und Ähnliches unseren Hunden Angst einjagen, wenn wir mit ihnen spazieren gehen.

Es gibt natürlich eine sehr einfache Lösung, um deinen Hund ruhig zu halten: Bleibe präsent und nimm diese Begegnungen auf gerader Linie wahr, bevor dein Hund es tut. Das sollte dir leichtfallen, da dein Sehvermögen viel besser als das deines Hundes ist. Nimm mit deinem Körper die Schutzhaltung ein und laufe in einem Bogen um das sich nähernde Objekt herum. Darauf werden wir später noch genauer eingehen.

Der Kung-Fu-Finger

Enge Räume wie Fahrstühle können auch angstbasierte Verhaltensweisen in unseren Hunden auslösen. Sie erkennen, dass es keine Möglichkeit zur Flucht gibt, also gehen sie in die Offensive statt in die Defensive, wenn sie erschreckt werden. Deshalb haben Grace und ich beim Betreten des Fahrstuhls Zeus in die hintere Ecke gelotst. Mit dem

Rücken zur schützenden Wand war diese Position für ihn nicht bedrohlich. Er war somit entspannt und fühlte sich sicher. Dennoch vertraute ich ihm nicht; das musste er sich erst noch verdienen.

Instinktiv legte ich meinen sogenannten „Kung-Fu-Finger" sanft an seinen Hals. Wenn wir unseren Hund am Nacken berühren, erinnern wir ihn daran, wer hier die Autorität ist. An dieser Stelle hat seine Mutter ihn als Welpen immer hochgehoben. Dort greifen aggressive Hunde auch an.

Ich versuchte, einen gebissähnlichen Druck auf seinen Nacken auszuüben mit der Botschaft: Wage nicht einmal daran zu denken, jemanden beschützen zu wollen, Mister! Meine Berührung war zart und ruhig, aber ich war bereit, vorsichtig mehr Druck auszuüben, sollte es nötig sein. Zeus war gewohnheitsmäßig wieder im Stress, als wir den Fahrstuhl betraten. Ich wollte sein instinktives Schutzverhalten umprogrammieren.

Zeus genoss seine neue Rolle als gelassener Gigant von einem Hund und hechelte zufrieden im Sitzen hinter Grace. Nachdem sie ihre erste friedliche Fahrt im Fahrstuhl mit Zeus seit seiner Adoption erlebt hatte, fragte sie mich: „Kann das tatsächlich so simpel sein?"

Der Bogen: Die Linie des Friedens in der Natur

In der Vergangenheit riss Grace die Angst, die sie vorm Gassigehen mit Zeus hatte, vollkommen aus dem Moment. Beim Anblick eines herannahenden Hundes erstarrte sie vor Furcht. Sie flüsterte Zeus überaus nervös zu: „Nicht anspringen, Zeusy, brav sein, Zeusy."

Graces Verhalten kam jedoch bei Zeus als Aufforderung an, loszulegen. Denn ihr unbewusstes verbales Loben durch die Nennung seines Namens betonte ihren Wunsch nach Schutz.

Grace war sich ihrer Verantwortung für das aggressive Verhalten ihres Hundes nicht bewusst, weshalb sie mir vorschlug, zur besseren Kontrolle eine einen halben Meter lange Leine zu benutzen. Paradoxerweise schlug ich stattdessen vor, eine fast zwei Meter lange Leine zu nehmen, damit sich Zeus der Situation selbst stellen und unser Vertrauen gewinnen konnte.

Die Gelegenheit ergab sich bald, als ich in etwa dreißig Meter Entfernung einen Schnauzer bemerkte. Dieser zerrte seinen unaufmerksamen Besitzer, der mit dem Handy telefonierte, in einer direkten Linie auf uns zu.

Ich fragte sie: „Können Sie den Hund sehen, der dort auf uns zu kommt?"

Grace antwortete: „Ich habe nicht hingeschaut, aber jetzt sehe ich ihn."

Ich wollte von ihr wissen, ob ihrer Meinung nach Zeus diese Begegnung auf gerader Linie als Bedrohung empfinden würde. Sie bejahte und fragte mich: „Was machen wir nun?"

„Ganz einfach, wir machen einen Bogen um alle diese Begegnungen und halten Zeus auf unserer Außenseite", entgegnete ich.

Hunde haben ein schlechteres Sehvermögen als wir Menschen. Zeus hatte diese Begegnung auf gerader Linie noch nicht bemerkt. Wir führten ihn an der Leine auf unsere andere Körperseite, um einen Bogen zu erzeugen.

Als Zeus den Schnauzer schließlich entdeckte, vergrößerte er seinen eigenen kleinen Bogen der Kommunikation weiter nach außen. Erstaunlicherweise tat er dieses auf ganz natürliche Weise! Er leckte sich auch über das Maul, ähnlich wie ein Motorradfahrer einem anderen zuwinkt. Zeus verstand die friedliche Absicht des Bogens und schien weitaus sozialer zu sein, als wir es im zugetraut hatten. Grace, die sich gestärkt fühlte, konnte die Wirksamkeit dieses einfachen Tricks kaum glauben. In Abbildung 7 findest du weitere Erläuterungen zu diesem kleinen Trick, der für so viel Ausgeglichenheit sorgt.

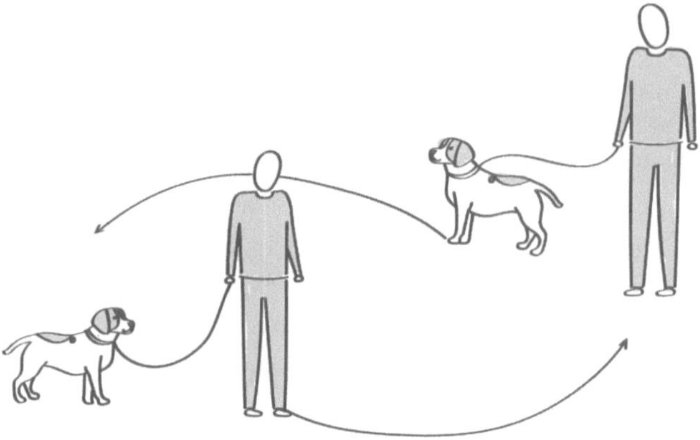

Abbildung 7: Der Bogen

Hunde bewegen sich nicht in einer geraden Linie aufeinander zu, da sie bei einem anderen Hund nicht versehentlich Angst auslösen wollen. Wie du an Hunden ohne Leine beobachten kannst, bewegen sie sich immer kreisförmig aufeinander zu. Sich in einem Bogen zu bewegen ist ein intelligentes Verhalten, da sich der Hund dadurch gelassen fühlt.

Vertrauen und Kommunikation

In den folgenden drei Monaten konzentrierte sich Grace auf ihre Körperhaltung, um mit Zeus auf verschiedene neue Arten zu kommunizieren. Sie hörte auf, ihn unbewusst zu streicheln, und wurde viel entspannte, als sie mit ihm spazieren ging. Grace war bislang nie aufgefallen, dass Zeus derart ausdauernd mitteilsam war. Ihre Beziehung vertiefte sich erheblich. Sie erkannte, dass ihre Rolle als entspannter Alpha nie aufhörte.

Grace wurde immer präsenter und aufmerksamer gegenüber ihrer Umgebung und ihre Bemühungen begannen sich in mehrfacher Hinsicht auszuzahlen: Sie fühlte sich nicht mehr als Opfer ihrer Umstände. Ihr neugewonnenes Vertrauen im Umgang mit Zeus gab ihr auch Mut für zwischenmenschliche Interaktionen. In ihren Beziehungen fing sie an, selbstbewusst und liebevoll zu sprechen, anstatt ihre Gefühle in sich hineinzufressen. Sie spürte, wenn andere Menschen ängstlich, besorgt oder nicht in ihrem Körper waren. Sie ging mit Wärme, Hilfsbereitschaft und Offenheit auf andere zu, damit sie sich wohlfühlten und zugänglich wurden. Sogar dann, wenn Zeus überhaupt nicht dabei war. Ihre Nachbarn im Haus, die sie und ihren „wilden Hund" verachtet hatten, lächelten ihr immer öfter zu. Die Mutter des Jungen, den Zeus umgeworfen hatte, bemerkte die einschneidende Verbesserung bei dem Hund. Sie und Grace freundeten sich an und besuchten sich gelegentlich zum Tee. Grace hätte nie gedacht, dass sich ihr Sozialleben so mühelos intensivieren würde.

Trainingstipps

Befehlen mit Respekt und Liebe

1. Deine Körperhaltung und deine Einstellung bestimmen, ob dein Vierbeiner reaktiv oder gelassen ist. Je mehr Respekt du dir verschaffst, desto ruhiger und vertrauensvoller wird dein Hund.

2. Seit dem Tag, an dem du deinen Hund nach Hause gebracht hast, ist sein Name mit Liebe aufgeladen. Ihn beim Namen zu nennen, wird jedes Verhalten, das er gerade zeigt, verstärken. Deshalb ist es klug, seinen Namen strategisch einzusetzen. Sage ihn, wenn er etwas Positives tut oder wenn er zu dir kommen soll. Vermeide es, seinen Namen zu sagen, wenn er etwas Ungezogenes getan hat, denn er wird denken, er soll mit dem unerwünschten Verhalten fortfahren.

3. Wenn du deinen Hund streichelst, fließen deine Gefühle durch die Hände zum Hund. Wenn du ihn nur streichelst, wenn ihr beide ausgeglichen seid, wirst du später nur wenige Aspekte beim Training korrigieren müssen. Menschen, die „hundefreundlich" sind, werden von deinem Hund oft als bedrohliche Begegnung auf gerader Linie wahrgenommen. Sie nähern sich frontal auf gerader Linie, sind laut und strecken zur Begrüßung ihre Hände aus. Der Hund empfindet dies als eine Abfolge von zunehmenden Gefahren, was die Person ganz und gar nicht freundlich erscheinen lässt.

Verhindere das Anspringen des Hundes, indem du ihn in einem Bogen um irgendwelche Auslöser vorbeiführst. Wenn Hunde angeleint sind, können sie hochspringen aus einer instinktiven Angst vor einer „Begegnung auf gerader Linie". Wenn sie jedoch ohne Leine laufen, machen sie instinktiv einen Bogen um die Begegnung auf gerader Linie und gehen weiter.

Meditation

Dein Adlerauge pflegen

Beginne diese Meditation im Sitzen auf einer Parkbank. Ein Fuß steht auf der Hundeleine, und deine Hände liegen entspannt auf dem Schoß. Spüre deine Füße auf der Erde. Das Gewicht deiner Körpermitte verschmilzt mit der Parkbank. Bleibe hier so lange, bis deine Aufmerksamkeit in deinem Körper zentriert ist. Entwickle ein Gefühl für deinen Hund. In welcher Körperhaltung ist er gerade? Achte auf seine Atemfrequenz. Während du meditierst, achte mit einem Teil deiner Wahrnehmung auf die Beruhigungssignale deines haarigen Gurus.

Mit halbgeschlossenen Augenlidern blicke sanft auf den ankommenden Verkehrsfluss. Fokussiere deinen Blick sacht auf etwas in zwei Metern Entfernung und bleibe dort zehn Atemzüge lang. Als Nächstes richte deinen Blick auf etwas drei Meter weiter weg und halte deinen Blick dort für weitere zehn Atemzüge. Du siehst bereits Dinge, die außerhalb der Sichtweite deines Hundes liegen. Wiederhole diesen Rhythmus, während du deinen Fokus jedes Mal weiter und weiter verschiebst, bis du an deine Grenze kommst.

Kehre dieses Muster jetzt um und fokussiere dich langsam wieder auf den Ausgangspunkt zurück. Mach diesen Zyklus einmal oder wiederhole ihn mehrere Male. Wie hat sich deine Sicht verändert? Hat sich die Körperhaltung deines Hundes auch ein wenig verändert? Kannst du eine Verbindung herstellen zwischen seinen Beruhigungssignalen und den Reizen, die aus der Umgebung im jeweiligen Moment kommen?

5

Kraftgegenstände

Die Lösung für das unpassende Verhalten deines Hundes

Was haben der Geruch eines Schinkenbrötchens, der vom Esstisch herüberweht, das Knittern irgendeiner Plastiktüte (die sich wie eine Leckerli-Tüte anhört), oder das Klingeln an der Haustür gemeinsam? Durch diese sinnlichen Reize wird sofort das Nervensystem deines Gurus aktiviert. In solchen Augenblicken stoßen deine Befehle mit Sicherheit auf taube Ohren, denn dein Hund erlebt gerade starke Gefühle. Willkommen: Das ist die Methode der Kraftgegenstände.

Auf neurologischer Ebene lösen vertraute Stimuli bei unseren Hunden Wellen konditionierter Erregung (oder Angst) aus. Wie wir bereits gesehen haben, werden diese intensiven Emotionen immer von einer Reihe von unangenehmen Verhaltensweisen begleitet, wie zum Beispiel Springen, übermäßigem Bellen, In-den-Knöchel-Beißen, Wimmern oder gelegentlichen Aggressionen.

Kraftgegenstände sind zwar die Ursache vieler Verhaltensprobleme unserer Hunde, aber sie enthalten auch eine elegante und mühelose Lösung. Wenn wir die Körpersprache eines Alpha-Hundes nachahmen bei der Bemächtigung von Gegenständen oder der Verteidigung des Reviers, können wir schnell und ruhig der konditionierten Erregung unseres Hundes auf jeden Kraftgegenstand entgegenwirken. Dafür wenden wir ein sehr einfaches Gesetz aus dem Tierreich an: Der Platzhirsch frisst immer zuerst, beansprucht den Besitz mit Leichtigkeit und wählt den besten Ruheplatz mit Anmut. Kein Gorilla wagt die Autorität eines Silberrückens herauszufordern, weil die Gruppe ihn zutiefst verehrt und respektiert. Wenn du diesen Status bei deinem Vierbeiner erreichen möchtest, liefert dir dieses Kapitel die Anleitung dazu.

Wir werden hier die Technik des Besitzanspruches untersuchen. Diese verlangt, die Intensität deiner „Alpha"-Schwingung zu erhöhen und gleichzeitig in der „entspannten" Schwingung zu bleiben. Sobald du merkst, wie ruhig dein haariger Guru auf deine sanfte Autorität reagiert, entwickelt sich auf natürliche Weise ein neues Selbstvertrauen in dir. Deine emotionale Intelligenz wächst sowie deine Fähigkeit zur Kommunikation mit Menschen, insbesondere mit solchen, die leicht reizbar sind (oder schnell wütend werden).

Den Status des Platzhirsches erreichen

Wenn Wölfe ihre Jagd beenden, wagt es kein Rudelmitglied, sich über die Beute zu freuen, noch trauen sie sich überhaupt, vor dem Alphamännchen oder Alphaweibchen, im Regelfall sind das ihre Eltern, etwas davon zu essen. Tatsächlich sieht man oft, wie Alphas den Besitzanspruch auf die Familienmahlzeit geltend machen, bevor sie einen Bissen davon nehmen. Währenddessen zerstreuen sich die anderen Wölfe ruhig und verhalten sich still (entweder stehend, sitzend oder liegend). Sie warten geduldig auf ein Zeichen ihres respektierten Anführers, um sich am Spiel zu beteiligen.

In meiner Hundetagesstätte konnte ich dieses Verhalten auch unter Hunden feststellen.

Stell dir vor, du hättest einen solchen Status bei deinem Vierbeiner. Auf den Punkt gebracht heißt das, du könntest versehentlich (oder absichtlich) ein frisches Stück Pizza auf den Boden fallen lassen, ohne dass dein Hund im Traum daran denkt, es sich zu schnappen. Wenn du der Platzhirsch bist, wird er sogar von der Pizza zurückweichen, dich für eine Rückmeldung anschauen und sich dann für ein weiteres Schläfchen hinlegen, als ob nichts Aufregendes passiert wäre.

Wenn du beim Lesen dieser Aussage glaubst, „so etwas würde mein Hund nie tun", dann lass dich angenehm überraschen. Ich ermutige dich, es einmal auszuprobieren: Den Platzhirsch-Status einzunehmen könnte viel einfacher sein, als du denkst.

Probiere dieses kleine Experiment: Gehe mit deinem Hund in die Küche, mach einen Hotdog in der Mikrowelle warm und lege ein einigermaßen großes Stück in seinen Fressnapf. Stelle ihn jedoch nicht auf den Boden. Geh langsam in der Küche umher und halte diesen unwiderstehlichen Köder nahe an deinem Körper. Sprich weder mit deinem Hund, noch ermutige ihn zu einem bestimmten Verhalten. Beobachte ihn einfach aus deinen Augenwinkeln, während du dich bewegst. Die Duftwolke, die du hinter dir herziehst, wird zu einem Kraftgegenstand. Wenn dein Hund versucht, aufgeregt an dir hochzuspringen, reagiere mit der Gelassenheit eines entspannten Alphas. Er wird sich allmählich beruhigen. Drehe dem Hund deinen Rücken zu und laufe in die andere Richtung. Denke daran, dass dieses Verhalten ein Gefühl der Ruhe erzeugt.

Bleibe präsent und beobachte. Lässt dir dein Hund Raum, um dir Respekt zu erweisen, oder umzingelt er dich opportunistisch und wartet darauf, dass du einen Moment lang unaufmerksam bist und er dir den Hotdog stibitzen kann? Je mehr Raum er dir lässt, desto mehr kannst du ihm vertrauen. Wie viel Gelassenheit dein Hund während dieser Übung zeigt, steht im direkten Verhältnis dazu, wie viel Respekt er vor deiner Autorität als entspannter Alpha hat. Der Schlüssel zu mehr Achtung liegt darin, ruhig und geduldig zu bleiben und nicht zu reagieren. Das ist der Kern dieser Übung. Laufe weiterhin mit dem Fressnapf in deiner Hand durch die Küche.

Als nächsten Schritt in dieser Übung testest du deinen Alpha-Status. Bleibe ab und zu einfach stehen und drehe dich zu deinem Hund. Schaue ihm kurz in die Augen und beobachte, was er tut. Diese subtilen, auf Konflikt ausgerichteten Gesten, zusammen mit der Tatsache, dass du einen Kraftgegenstand hast, sind Teil des Urverhaltens aus der Sicht deines Hundes. Er sollte direkt auf deine bestimmenden Mitteilungen entweder mit dem Lecken seiner Schnauze, Gähnen oder gehobener Pfote reagieren, um dir seine friedlichen Absichten zu zeigen. In diesem Moment stellst du deinen Hund auf eine harte Probe. Schaue ihn so lange an, bis er als Erster wegschaut. Das wird er sicherlich. Sobald das passiert, wendest du deinen Blick ab, damit Ruhe einkehrt, und läufst weiterhin ein paar Minuten lang durch den Raum.

Durch die Anwendung der verbotenen Körperhaltung mit ihrer enormen Wirkkraft und die Dynamik, die du bis hierher bereits entwickelt hast, wird das Training jetzt intensiver. Wende dich noch einmal mit Gelassenheit und Einfühlungsvermögen deinem Hund zu, schaue ihn etwas weniger intensiv an und gib dabei ein entschiedenes Geräusch ab. Dieses Geräusch wird später dein „Beruhige dich"-Kommando sein. Spiele zunächst damit und probiere jedes Geräusch aus, das dir natürlich erscheint (zum Beispiel ein Schnippen mit den Fingern, ein Aufstampfen mit dem Fuß oder ein scharfes „NEIN" mit tiefer Stimme).

Als Folge deines verstärkten Vorgehens wird sich dein Hund zurückziehen. Stelle den Fressnapf zwischen deine Füße auf den Boden. Das ist die Position, die Eigentum anzeigt. Tiere beanspruchen Ressourcen für sich, indem sie sich ihnen nähern, sich über sie bewegen und sie herausfordernd anstarren. Dein Hund wird wissen, was als Nächstes zu tun ist. In typischer Guru-Manier beobachtet er Herrchen oder Frauchen und ordnet sich völlig unter.

Kontrolle der Ressourcen zur Kontrolle der Energie

Du hast soeben die Kunst kennengelernt, deinen Hund in einen Zustand der Meditation zu versetzen. Vertraue dem Prozess mit Geduld. Bleibe in der Position des Besitzanspruches. Der lustige Teil des Trainings hat gerade erst begonnen. Da du jetzt das von deinem Hund begehrte Objekt als dein Eigentum markiert hast, wird er nicht versuchen, es dir wegzuschnappen. Es sei denn, du verlierst deinen Fokus und lässt dich ablenken. Beobachte deinen Hund in den nächsten zehn Minuten, wie er seine Aufmerksamkeit nur noch auf den Hotdog richtet (das Objekt seiner Begierde). Du siehst, wie dein Hund immer entspanntere Positionen einnimmt und auf natürliche Weise versucht, Ruhe in seinen Körper zu bringen.

Wenn dein Hund steht, wird er sich bald hinsetzen, hinlegen und schließlich das Kinn auf den Boden legen. Bitte präge dir diese Abfolge ein. Ich bezeichne sie als die Sequenz der Unterordnung und werde in Abbildung 8 näher darauf eingehen. Dein Hund wird dabei typischerweise laut gähnen oder durch die Nase schnaufen als Zeichen dafür, dass er sich dir total unterordnet. Bald wird er wunderbar entspannt sein (möglicherweise sabbert er dabei etwas auf den Boden), jedoch mit einer tiefen wachsamen Ruhe, so wie es sich für einen Meditationsmeister gehört. Wenn du endlich an diesem Ziel angekommen bist, belohne deinen haarigen Guru gelassen mit einem Stück von dem Hotdog. Dann entferne dich wie ein Alpha, als ob gerade nichts Besonderes passiert wäre.

Abbildung 8: Sequenz der Unterordnung

Wir können aus der Körperhaltung unseres Hundes darauf schließen, wie er sich gerade fühlt (geistig und emotional). Das gilt besonders, wenn wir ihm eine Grenze gesetzt haben (beispielsweise das Anbinden an einen Pfosten oder das Hüten eines begehrten Kraftgegenstandes). Zunächst wird der Hund starke Emotionen (oder Widerstände) erleben. Das zeigt sich in der stehenden Position. Beginnt er, sich unterzuordnen, durchläuft er immer die gleichen drei vorhersehbaren Haltungen: sich setzen, sich hinlegen und schließlich sein Kinn vollständig auf dem Boden ablegen.

Bleibe gelassen und warte geduldig auf die Entfaltung der gesamten Sequenz. Mit jeder Position legt der Hund mehr von seiner Körperoberfläche auf den Boden. Dein haariger Guru erdet sich im wahrsten Sinne mit jeder Haltung mehr, wodurch sich seine Energie mehr und mehr entspannen kann. Ein weiser, entspannter Alpha merkt sich diese Abfolge und lobt seinen Vierbeiner erst, wenn er den Punkt tiefster Hingabe erreicht hat.

Glückwunsch, du hast soeben deinen entspannten Alpha-Status weiter verfestigt. Du hast deiner Fellnase beigebracht, dass du sie liebst, wenn sie auf deine Autorität hört, sich hinlegt und ruhig ist.

Deine neu entwickelte Technik, den Besitzanspruch deutlich zu machen (oder das „Beruhige dich"-Kommando), wird nun zu einem vielseitigen Kommunikationsmittel, mit dem du auf sehr kreative Weise experimentieren kannst.

Wenn sich dein Hund zum Beispiel für ein Zerrspiel eine schmutzige Socke aus deiner Wäsche schnappt, mach dein bestimmtes Geräusch, laufe in einer geraden Linie direkt auf ihn zu und beobachte, wie er die Socke fallen lässt und dir ein Beruhigungssignal zeigt. Oder wenn er an die Haustür rennt, weil gerade ein Paket abgeliefert wird, klatsche in die Hände und laufe zielstrebig auf ihn zu. Wenn er zurückweicht, stelle dich mit dem Rücken zur Tür und beanspruche sie als dein Territorium. Fixiere deinen Hund, sage „Nein!" und beobachte, wie er sich unterordnet, bevor du die Türklinke drückst. Die Autorität über alltägliche Kraftgegenstände zu beanspruchen führt dazu, dass sich in deinem Hund und deinem Zuhause eine Atmosphäre des Friedens und der Sanftmut ausbreitet. In den Abbildungen 9 und 10 werden die Feinheiten dieser Haltungen und ihre Auswirkungen näher beleuchtet.

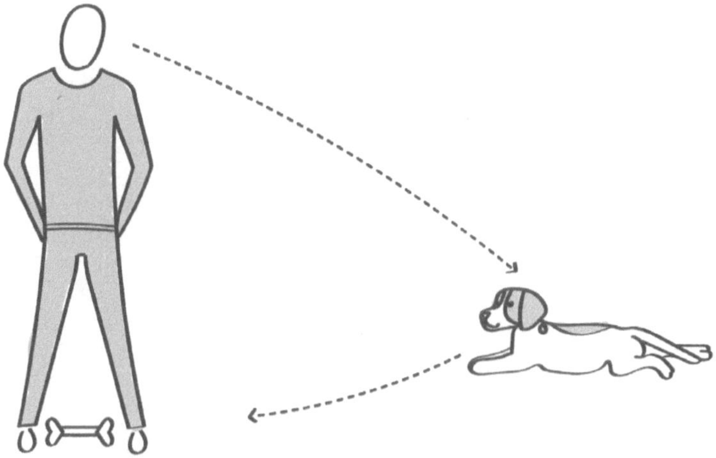

Abbildung 9: Position des Besitzanspruches

Einer der schnellsten Wege, deinen Hund zu beruhigen, seinen Respekt zu gewinnen und seine Emotionen zu bändigen, liegt darin, einen Kraftgegenstand in die Gleichung miteinzubauen. Ihn beanspruchst du dann als dein Eigenes. Das vom Hund begehrte Objekt liegt unmittelbar zwischen deinen Füßen und du fixierst es direkt. Damit sendest du eine sehr klare Botschaft: Das gehört mir! Da die Position des Besitzanspruches im Tierreich wohlbekannt ist, konzentriert sich dein Hund weiterhin auf den Kraftgegenstand (und auf dich), beginnt sich jedoch, sich dir in deiner natürlichen Rolle als Anführer unterzuordnen.

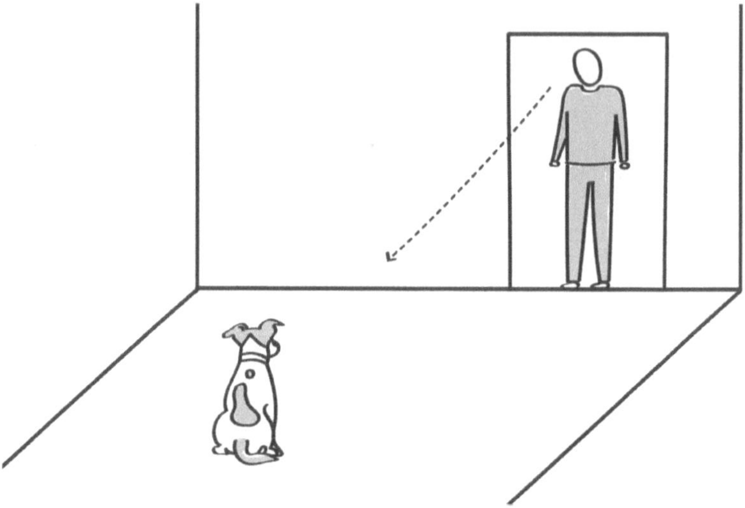

Abbildung 10: Position zum Schutz des Territoriums

Der offene Spalt der Wohnungstür (oder jeder andere Spalt) bedeutet einen Zugang zu deinem Territorium. Du hast eventuell bemerkt, wie dein Hund immer gerne zu dieser Stelle läuft und sich dabei vor dich drängt. Wenn du das nächste Mal deine Tür öffnest, beanspruche zunächst das Territorium für dich. Stelle dich zwischen den Spalt der Tür und deinem Hund. Stelle direkten Blickkontakt mit ihm her und schau ihn streng an, bis er zurückweicht. Er wird sich ganz natürlich zurückziehen und dir seine Beruhigungssignale aussenden. Warte so lange, bis er sich von selbst hinsetzt oder hinlegt. Lobe ihn anschließend.

Die gesunde Seite der Angst

Wir sollten uns von der Vorstellung befreien, Hunde auf herkömmliche Weise zu trainieren. Alle Tiere wissen, dass sie sich ruhig und respektvoll verhalten müssen, wenn ihr Anführer ein Revier oder einen Gegenstand bewacht. Eine Alphawölfin braucht ihre Welpen nicht zu erziehen. Sie weiß, dass sie sich in ihrer Gegenwart ruhig verhalten können, und sie erwartet das auch zu jeder Zeit. Deinen Vierbeiner mit einem Stück Hotdog herauszufordern, mag sich angespannt, unbeholfen und beängstigend für dich anfühlen, aber dein behaarter Guru weiß genau, wie er zu reagieren hat.

Wir sind diejenigen, die erzogen werden müssen. Genauer gesagt, wir müssen unseren inneren Stoiker heranbilden, wenn sich unsere Gemüter erhitzen. Viele Menschen vermeiden Konflikte, aber was wir eigentlich vermeiden, ist die Angst, die diese Situationen in uns auslösen. Diese kleine Konfrontation mit deinem Hund zu üben hilft dir dabei, deine innere Alchemie zu transformieren. Du fühlst dich danach wohler und selbstbewusster im Umgang mit deinen Ängsten.

Wir wollen definitiv nicht, dass unsere Hunde Angst vor uns haben, wir wollen vielmehr, dass sie unsere Führung achten, besonders, wenn wir Regeln für Ressourcen und Reviere aufstellen. Wenn wir offen für die Beruhigungssignale unseres Hundes sind, lernen wir, wann wir zu viel Angst ausstrahlen. Dein Mitgefühl für deinen Hund wird dich dazu motivieren, sanftere Methoden für dieses Machtinstrument zu finden.

Transformierende Effekte

Entspannte Alphas haben es sich zur Aufgabe gemacht, in einem dauerhaften Zustand der Präsenz zu leben, um die Energien ihrer Hunde und auch der Umgebung auszugleichen. Dazu müssen sie einen Weg finden, zuerst ihre eigenen Energien ins Gleichgewicht zu bringen.

Bei starken Gefühlen wie Angst und Beklemmungen neigen wir Menschen unbewusst dazu, uns durch Fernsehen, soziale Medien, Süßigkeiten oder schlechte Angewohnheiten abzulenken. Dieses Kapitel hat dich dazu aufgefordert, deine Körperhaltung aufmerksam einzusetzen und deinen Fokus zu schärfen, wenn es um Besitzansprüche in der Begegnung mit deinem Hund geht. Für viele von uns ruft dieses Verhalten Widerstände hervor, ähnlich wie die Gefühle von Angst oder Unruhe. Allein diese Übung mit deinem Hund zu praktizieren bietet dir die Möglichkeit, in den Unannehmlichkeiten des Augenblicks eine Ausgeglichenheit zu finden. Wenn wir die Besitzansprüche mit unseren Hunden klären, ordnen sie sich sofort den Bedingungen des gegenwärtigen Augenblicks unter. Wenn unsere Hunde das können, warum nicht auch wir?

Trainingstipps

Kraftgegenstände

1. Die Nähe deines Hundes in Bezug auf den von dir ergriffenen Kraftgegenstand zeigt den Grad des Respekts an, den er deinem Status entgegenbringt. Je weiter entfernt er bleibt, desto mehr achtet er deine Autorität.

2. Nutze den Augenkontakt und andere bestimmende Gesten, während du dich mit der Körperhaltung des Besitzanspruches auf den Kraftgegenstand konzentrierst. Instinktiv wird dein Hund ruhiger und ordnet sich unter.

3. Wenn du dich vom Kraftgegenstand entfernst, nachdem du deinen Besitzanspruch geltend gemacht hast, kommunizierst du, dass er dir nicht mehr gehört. Solange du ihn nicht bewachst, denkt dein Hund, es ist frei und er kann sich das Objekt einfach nehmen.

4. Präsenz bedeutet Macht. Wenn wir abgelenkt sind oder in unseren Gewohnheiten stecken, achtet unser Hund auf unsere Körpersprache (die uns für ihn oft als distanziert erscheinen lässt). Er interpretiert dieses Nichthandeln als die Erlaubnis dafür, mit dem fortzufahren, was er gerade macht.

Meditation

Kraftgegenstand-Training

Stelle einen Stuhl neben den Schrank, in dem du das Trockenfutter für deinen Hund aufbewahrst. Setze dich bequem hin und spüre, wie dein Gewicht über die Sitzfläche in den Boden sinkt. Spüre deine Füße direkt unterhalb deiner Knie. Stelle dir vor, wie du rote Energie aus der Erde hochziehst, durch deine Beine bis ins Becken. Stelle dir vor, wie sich diese Energie dort ansammelt und sich in deinen Bauch ergießt. Achte auf den Rhythmus deines Atems und lasse ihn auf natürliche Weise fließen.

Vor deinem geistigen Auge siehst du dich jetzt als Löwe, ein Tier, das kein Hund herauszufordern wagt. Stehe langsam auf und bleibe still stehen; das nennt man im Yoga die Berghaltung. Schaue deinen Hund ruhig an und strahle nur etwas Angst aus, um ihn herauszufordern. Sobald du ein Beruhigungssignal von ihm erhältst, schaue gelassen weg und öffne langsam die Schranktür. Schaufle in aller Ruhe etwas Futter in den Napf und drehe dich zu deinem Hund, ohne dich vorwärts oder rückwärts zu bewegen. Bleib standhaft, atme weiter und fordere deinen Hund noch einmal heraus, indem du direkten Blickkontakt herstellst. Gleichzeitig vermittelst du, dass diese Ressource dir gehört.

Achte dabei genau darauf, wie du dich fühlst. Die konfliktsuchende Geste lässt Energien der Angst in unserer Aura aufsteigen. Atme dich einfach hindurch. Reagiere nicht. Gib dir die Chance, deine Emotionen zu verdauen. Das führt dich zu einem tiefen inneren Frieden. Bleibe instinktiv präsent, während du ruhig und entspannt bist. Warte geduldig, bis dein Hund seine natürlichen Beruhigungssignale sendet, setze dann den Fressnapf zwischen deinen Füßen ab. Das ist die natürliche Haltung, die den Besitz anzeigt.

Wenn sich der Körper deines Hundes langsam auf den Boden niederlässt, kehre zu deinem Stuhl zurück und meditiere. Fokussiere dich dabei zehn Minuten lang auf den Fressnapf. Stehe dann auf und entferne dich, ohne zurückzuschauen. Damit gibst du deinem Hund die Erlaubnis, das Futter zu fressen. Alternativ kannst du den Napf auch deinem Hund hinschieben. Geh langsam weg. Damit ist die Meditation beendet.

6

Hundebox-Training

Der Ort der Meditation für deinen Hund

Brian und Ashanti, die beide als Physiotherapeuten in einem Heilzentrum in Atlanta, Georgia, arbeiteten, hatten sich vor ein paar Jahren ineinander verliebt. Während ihrer Flitterwochen in Thailand adoptierte das spirituelle Paar einen zotteligen Straßenköter, den sie Buddha nannten. Er war straßensicher, lief neben ihnen an der Leine, bellte nie, regte sich in der Nähe von anderen Hunden nicht auf und brauchte kein zusätzliches Training.

Doch als ihr Sohn zur Welt gekommen war, verschlimmerte sich die Lage dramatisch. Ihr Hund entwickelte die Angewohnheit, sich andauernd am Hals zu kratzen, sodass dieser wund wurde. Es kam noch übler, denn Buddha begann abends seine Hundehaufen in der Küche zu hinterlassen, obwohl der erschöpfte Brian zusätzliche Spaziergänge mit ihm machte. Er fing bei jedem Weinen des Babys mit einem unerträglichen hohen Gejaule an. Das war im Grunde den ganzen Tag über der Fall.

Brian und Ashanti machten sich Sorgen, dass sie weder die Zeit noch die Energie für ein Training ihres geliebten Hundes hätten. Der Gedanke verfolgte sie, ihren Hund zur Adoption freigeben zu müssen. Glücklicherweise hatte ich die perfekte Lösung parat für dieses verantwortungsbewusstes und offenherzige Paar. Ob sie allerdings von der Einfachheit und Wirksamkeit überzeugt sein würden, stand für mich noch in den Sternen.

Wir brauchen alle unseren eigenen Raum

Buddha war es gewohnt, nachts im Schlafzimmer des Paares zu schlafen, sich morgens in ihrem Yogastudio auszuruhen (das jetzt das Kinderzimmer war) und in ihrer Nähe zu sein, wenn sie tagsüber im Haus waren. Mit der Ankunft des Neugeborenen merkten beide jedoch nicht, wie sich ihr Hund in seinem eigenen Zuhause nicht mehr wohl fühlte. Sie stellten fest, dass er sich in den Keller zurückzog, sich unter dem Sofa im Gästezimmer vergrub und Zuflucht unter der antiken Nähmaschine im Wohnzimmer suchte.

Ashanti hatte Mitleid mit Buddha. Sie vermisste das anhaltende behagliche Gefühl der Verbundenheit durch seine ruhige Gegenwart, eine Energie, auf die sie für ihre eigene gute Stimmung angewiesen war. Das war ihr vorher nicht bewusst gewesen. Hunde reagieren sensibel auf unsere emotionale Ausstrahlung. Sie spüren den deutlichen energetischen Unterschied, ob wir liebevolle Zuneigung oder Traurigkeit empfinden. Sie interpretieren beide emotionalen Signale als die momentanen Vorgaben für ihr erwartetes Verhalten. Da die Traurigkeit weder in die Kategorie „Liebe" noch „Ruhe" als Kommunikationsverstärker fällt, ist es kein Wunder, dass Buddha etwas verwirrt, frustriert und gestresst war.

Obwohl dieses Thema für Brian und Ashanti sehr wichtig war, erklärte ich beiden, dass im Grunde nichts Ernstes passiert war. Buddha brauchte ein wenig Hilfe bei der Verarbeitung der Tatsache, dass der Yogaraum zu einem Kinderzimmer umfunktioniert worden war und die allgemeine Energie seiner Umgebung nie wieder dieselbe sein würde. Zum Glück adaptieren sich Hunde viel schneller an veränderte Bedingungen, als wir Menschen erwarten. Das liegt an der tiefen Verbundenheit der Hunde mit dem gegenwärtigen Moment. Kurzum, ihr behaarter Guru brauchte einfach einen kleinen Rückzugsort, Struktur und etwas Alleinsein, um seine emotionalen Batterien wieder aufladen zu können.

Warum Hundeboxen wichtig sind

Fast jeder Mensch, mit dem ich je gearbeitet habe, ist gegen eine Hundebox für seinen Hund, einschließlich Brian und Ashanti. Abbildung 11 am Ende dieses Abschnitts ist als subtiler Trick gedacht. Hundeboxen sehen oft wie Gefängnisse aus. Was wäre, wenn sie es nicht wären? Wie würdest du über sie denken? Während Besitzer zögern, sich eine Hundehöhle in die Küche zu stellen, frage ich mich, ob es unter verhaltensbezogenen Aspekten klug ist, dem Hund im Haus freien Lauf zu lassen. Offen gesagt ist ein Mangel an Struktur für Hunde vollkommen unnatürlich und verschlimmert unweigerlich ihre Ängste. In freier Wildbahn werden Wolfs- und Fuchswelpen und andere Höhlentiere in geschützten Verstecken geboren und aufgezogen, wie einem Unterschlupf oder einer Baumhöhle. Während ihre Mutter diese Orte nutzt, um ihre Jungen vor Raubtieren und vor den Elementen zu schützen, dienen sie ebenso einem anderen, verkannten Zweck. Das wird dir dein Hund bestätigen, wenn du ihm die Gelegenheit dazu gibst.

Diese Tiere assoziieren ihre Höhlen mit emotionalen Zufluchtsorten. Haushunde kommen nicht in Höhlen zur Welt, aber ihre instinktiven Reaktionen (sobald sie ihre Hundebox angenommen haben) deuten darauf hin, dass sie genau wissen, was sie dort tun sollen: verschnaufen, sich entspannen und sich fallen lassen. Aus diesem Grund verbringen professionelle Arbeitshunde (Sprengstoffspürhunde, Polizeihunde, Such- und Rettungshunde und Hunde für bestimmte Aufgaben) jeden Tag Zeit in ihren Hundeboxen. Hundeführer wollen damit sicherstellen, dass ihre Hunde entspannt und emotional ausgeruht sind, damit sie ihre Aufgaben gut erfüllen können. Wenn Profi-Hunde so etwas tun, warum sollte es dann schlecht für einen Haushund wie Buddha sein?

Abbildung 11: Das Hunde-Refugium

Wir Menschen haben unbewusst etwas gegen die Vorstellung, unsere Hunde in ein Hundehaus zu stecken, weil es sich für uns wie ein Einsperren anfühlt.

Gewöhnungsphase für die Hundebox beschleunigen

Als ich zu Brian und Ashanti in die Wohnung kam, war es für mich (und Buddha) offensichtlich, dass der perfekte Platz für seine Hundebox da sein sollte, wo sich die antike Nähmaschine befand. Buddha verbrachte bereits viel Zeit dort, weil er von dieser Stelle einen Blick über das gesamte Zimmer, den Flur und die Eingangstür hatte. Während Brian und Ashanti den Eindruck hatten, er reiche die „Scheidung" ein, blieb er in Wirklichkeit unglaublich verbunden. Die Nähmaschine gab Buddha die Illusion einer schützenden Höhle. Er kroch eindeutig aus eigenem Antrieb darunter, um seine Nerven zu beruhigen. Aus diesem Grund waren sich Brian und Ashanti einig, eine Hundebox als einfache Lösung des Problems anzuschaffen.

Wir säuberten Buddhas Hundebox, legten alte Yogadecken hinein und stellten sie dorthin, wo sich der Staub unter der Nähmaschine angesammelt hatte. Ich bat um ein besonders verführerisches Leckerli, wie ein Stückchen Käse, um damit die Gewöhnung an die Hundebox zu erleichtern. Ohne ein Wort zu Buddha zu sagen, ging ich zur Öffnung der Hundebox und warf einen großen Leckerbissen hinein. Dabei sagte ich ruhig: „Geh ins Bett." Die Verlockung des Käsestückchens war unwiderstehlich, und Buddha trottete sofort zur Hundebox. Als er seine Schnauze hineinsteckte, stupste ich ihn sanft an und sagte „braver Junge", bis er entspannt hineintapste.

Buddha vertraute mir und spürte keine Angst, sich in die Hundebox zu begeben. Diese erste Übung war also erfolgreich. Es folgten weitere Wiederholungen zur Konditionierung in rascher Abfolge, wobei jede Übung auf der vorhergehenden aufbaute.

Ein paar Minuten später nahm ich wieder ein Stück Käse und sagte: „Geh ins Bett." Genauso wie beim ersten Mal, warf ich den Leckerbissen in die Hundebox, nur waren die Vorgaben jetzt sehr viel anspruchsvoller.

Wenn wir unseren Hunden zu Beginn ein Kommando beibringen, trainieren wir eigentlich nur ein bestimmtes Verhalten, das wir später abrufen können. Genau wie beim ersten Mal trottete Buddha zur Hundebox und entschloss sich dieses Mal, den ganzen Weg hineinzugehen, um den Käse aus freien Stücken zu holen. Ich würdigte diesen Moment mit den Worten „braver Junge", und schloss dann die Tür hinter ihm. Entspannte Alphas sind verantwortungsbewusste Rudelführer. Wir bitten unsere Hunde nicht, etwas zu tun, wir befehlen ihnen, Dinge zu tun. Sie hören auf uns und folgen mit Freude, denn unsere Handlungen sind auf allen Ebenen voller Liebe gemeint.

Während wir darauf warten, dass sich der Hund in der Hundebox schließlich unterordnet, ist es der größte Fehler, ihn unbewusst zu fixieren oder über der Hundebox zu lauern, um zu sehen, was drinnen vor sich geht. Wir vergessen dabei, dass dieses Verhalten die verbotene Körperhaltung darstellt; unsere Hunde denken folglich, sie machten etwas falsch oder sollten in dem Augenblick Angst vor uns bekommen.

Aus diesem Grund trat ich zur Seite, drehte Buddha den Rücken zu und setzte mich neben die Öffnung der Hundebox. Ich tat so, als wäre ich distanziert. Er nahm mein Verhalten als ein Beruhigungssignal wahr und wusste, dass er sich entspannen konnte. Einige Augenblicke später hörte ich, wie Buddha einen langen Seufzer ausstieß, während sein Bauch, seine Brust und seine Schnauze sanft auf den Boden sanken.

Vielleicht war es unlogisch, aber ich belohnte sein Verhalten durch das Öffnen der Hundebox-Tür, um ihm die Freiheit zu geben, jederzeit freiwillig hinauszugehen. Mit sanfter und liebevoller Stimme lobte ich ihn als braven Jungen, stand auf und entfernte mich wie ein Alpha, ohne zurückzuschauen. Interessanterweise hatte er es nicht mehr eilig, aufzustehen und herauszugehen.

Wir wiederholten diese kleine Übung im Verlauf der Trainingssitzung viele Male. Es machte Spaß, aber wir achteten darauf, uns nicht zu sehr darüber zu freuen, als er sich auf den Befehl „Geh ins Bett" tatsächlich in die Hundebox legte. Wir wollten ihn nicht unnötig aufregen. Zum Ende des Trainings hatte Buddha die Grundlage für einen großartigen neuen Befehl. Jedes Mal, wenn wir ihm „Geh ins Bett" sagten, wusste er, er sollte in sein Refugium gehen und sich dort hinlegen. Meine beiden Kunden fragten sich, wie dies Buddhas Beziehung zum Baby verbessern könnte und ob er jetzt seinen Haufen nicht mehr in der Küche hinterlassen würde. Auf jeden Fall vertrauten sie auf den Prozess.

Brian und Ashanti legten fest, diese Übung eine Woche lang mit Buddha zu machen und die Zeit, die er in der Hundebox verbrachte, langsam zu verlängern. Dabei waren sie entweder mit im Raum, oder er war allein und sie beim Baby im oberen Stockwerk. Als sie ihn für längere Zeit in der Hundebox ließen, schlug ich vor, ihm ein hochwertiges Spielzeug zum Kauen zu geben, wie einen befüllten Futterball oder ein Stück rohes Leder, als Ablenkung von seinem Alleinsein. Sobald er vom Kauen genug hatte, würde er in einen angenehmen meditativen Zustand driften und bald ein Nickerchen machen.

Ich ging davon aus, dass Buddha seine Hundebox als neues Refugium annehmen würde und sich all seine Verhaltensauffälligkeiten unweigerlich von selbst lösen würden.

Die emotionale Batterie wieder aufladen

Buddha war im Grunde nicht unglücklich über das Baby, er konnte durchaus friedlich mit dem neuen Familienzuwachs zusammenleben. Er war vielmehr unglücklich über das plötzliche Auftauchen von „unangenehmer" Energie, die er in seiner Umgebung spürte. Das ständige Schreien des Babys, der deutlich wahrnehmbare Stress bei den Eltern, der gestörte Rhythmus im häuslichen Ablauf – das waren seine Gründe, warum er in die Küche kotete und die Nachbarn mit seinem Überschall-Gejaule aufweckte. Diese Reaktionen zum Stressabbau waren einfach unerwünschte Verhaltensausbrüche, die sein Körper entladen musste. Buddhas emotionale Batterie hatte sich entleert und musste dringend wieder „angeschlossen" werden, um sich aufzuladen.

Hunde brauchen ihren eigenen sicheren Ruheplatz in unserem Haus, doch wir versäumen es oft, ihnen etwas anzubieten. Warum sonst suchen sie Zuflucht unter der Couch bei einem Gewitter, verkriechen sich unter dem Küchentisch, wenn unsere Kumpels zum Fußballschauen vorbeikommen, oder verstecken sich wie Buddha unter der Nähmaschine, wenn das Baby weint? Wenn sich dein Hund an eine Hundebox gewöhnt hat, wird er im Laufe des Tages etliche Male von allein hereingehen. Sie bietet ihm Privatsphäre und erlaubt ihm gleichzeitig, sich trotzdem mit der Familie verbunden zu fühlen.

Die Transformation

Bereits zwei Wochen nach unserem Training telefonierte ich mit Ashanti. Sie und Brian hatten das „Geh ins Bett"-Kommando weiter einstudiert. Wie zu erwarten ging Buddha nun mehrmals am Tag aus freien Stücken in seine Hundebox. Ashanti meinte, er sei bereits viel ruhiger, wenn das Baby schreie. Sie und Brian waren darüber sehr glücklich.

Ashanti bemerkte ebenso, wie Buddha sich nicht mehr willkürlich am Ohr kratzte, wodurch die raue Stelle auf seiner Haut heilen konnte. Ashanti konnte es nicht glauben, dass sie Buddhas Stress die Zeit davor nicht wahrgenommen hatte. Nennenswert war auch, dass er nachts nicht mehr in die Küche kotete. Wenn sie ihm „Geh ins Bett" befahl, trabte er direkt in seine Hundebox, legte sich hin und wartete auf ein Stückchen Käse.

Mit begeisterter Stimme erzählte sie: „Mir ist klar, dass wir ihn nicht bestrafen, wenn wir ihn in die Hundebox schicken. Ich weiß ganz genau, dass er sich dort glücklich und sicher fühlt. Er geht sogar freiwillig hinein, wenn das Baby wieder schreit."

Buddha in die Hundebox zu schicken, erinnerte Ashanti an die Kraft der Meditation. Sie hatte seit der Ankunft des Babys selbst viel weniger meditiert. Wir meinen vielleicht, nie genug Zeit zum Meditieren zu haben, weil Veränderung Stress mit sich bringt. Doch gerade deshalb brauchen wir die Meditation. Ashanti war dankbar, ihre Meditationspraxis wieder aktiviert zu haben.

„Selbst als erfahrene Meditierende vergesse ich manchmal, wie viel Klarheit und Frieden mir das Meditieren gibt", sagte sie. „Ich werde zu einer besseren Ehefrau, Mutter und Hundebesitzerin. Ich habe sogar das Gefühl, mehr Zeit zu haben, weil ich bewusster mit meinem Energieverbrauch umgehe." Sie war ein vollkommen entspannter Alpha geworden.

Trainingstipps

Training für die Hundebox

1. Wähle einen strategisch geeigneten Standort für die Hundebox aus, möglichst mit einem sehr guten Blick auf das Haus. Dein Hund soll sich mit der Familie verbunden fühlen, während er in seiner Hütte liegt. Vielleicht hat dein Hund bereits einen Lieblingsplatz, den du nutzen kannst.

2. Richte die Hundebox deiner Fellnase gemütlich ein. Lege eine Decke mit deinem Geruch hinein. Lege etwas Bequemes auf den Boden, worauf sie sich ausruhen kann.

3. Die Hundebox sollte so groß sein, dass der Hund gut stehen, liegen und sich umdrehen kann.

4. Trinkschalen in die Hundebox zu stellen ist keine gute Idee. Lasse ihn etwas trinken, bevor er in die Box geht, gefolgt von einer Pinkelpause. Wenn er wieder aus der Box kommt, gib ihm etwas zu trinken. Somit besteht kein Risiko, dass er seine Blase drinnen entleert.

5. Jedes Mal, wenn dein Hund in die Hundebox soll, verwende das gleiche Kommando, damit er es wiedererkennt. Zum Beispiel: „Geh ins Bett.“

6. Füttere deinem Hund alle Mahlzeiten in der Hundebox, damit er eine positive Assoziation dazu entwickelt und die Gewöhnungsphase dadurch verkürzt wird.

7. Lege deinem Hund aus denselben eben genannten Gründen hochwertiges Kauspielzeug wie einen befüllten Futterball oder Bully-Sticks in sein Refugium.

8. Bleibe im Raum bei deinem Hund, während er sich an die Hundebox gewöhnt. Deine gelassene Präsenz hilft ihm, sich zu entspannen. Sobald sich dein Hund untergeordnet hat, verlasse den Raum und komme wieder zurück. Nimm ihn nie aus der Hundebox, wenn er in einem erregten Zustand ist. Lass ihn nur heraus, wenn er ruhig ist. Hinweis: Das Öffnen der Tür verstärkt den emotionalen Zustand, in dem sich der Hund gerade befindet.

9. Ein drei Monate alter Welpe kann tagsüber bis zu einer Stunde in der Hundebox bleiben, ohne sich einzunässen. Für jeden weiteren Altersmonat kommt eine Stunde hinzu. Erwachsene Hunde können leicht über acht Stunden in der Hundebox verbringen, dennoch sollten sie nicht zu lange eingeschlossen bleiben.

Hinweis: Wenn du deinen Hund über Nacht in der Hundebox einschließt, dann lasse ihn tagsüber frei.

Meditation

Den Stress abbauen

Entspanne deinen Körper in einer bequemen Haltung. Beginne alle Teile deines Körpers zu scannen, angefangen bei den Zehen. Arbeite dich hoch bis zur Schädeldecke. Achte auf deine Atmung, lasse sie frei fließen und widerstehe dem Bedürfnis, einzugreifen. Vielleicht fühlt sich dein Atem etwas schroff und flach an, oder vielleicht ist er lang und gleichmäßig. In dieser Phase beobachte deinen Atem, deine Lebenskraft, und erlaube ihr, dich zu nähren. Stelle dir eine eigroße Blase aus violetter Energie hinter deinen Augen vor. Dort ist die Kommandozentrale deines Körpers. Mit tiefer Konzentration und Vorstellungskraft können wir sie zur Beeinflussung unserer Energie nutzen.

Lasse deine Lungen deinen Atem besänftigen und sich mit mehr Luft füllen. Stelle dir vor, wie sie einen Gang höher schalten und frischen Sauerstoff in deinen Solarplexus bringen. Dort ist das Zentrum für deine Energie-Batterie. Stelle dir weißes Licht vor, wie es deine Wirbelsäule hochfließt, am Herzzentrum vorbei durch deinen Hals bis hin zum Scheitel deines Kopfes. Dieses Licht reinigt dich von jeglichem Stress, der mit Vergangenheit oder Zukunft zu tun hat. Bleibe in diesem Zustand, solange du möchtest.

Stimme dich tiefer auf das organische Pulsieren deines Atems in deinem Körper ein und lasse dich intuitiv auf deine Sinne ein. Beobachte, wie deine Gedanken an dir vorbeiziehen. Spüre, wie deine Empfindungen kommen und gehen. Nimm die Geräusche im Hintergrund wahr, aber lasse dich nicht auf sie ein. Erlaube diese Meditation deine Batterie aufzuladen, damit du dich wieder mit Gelassenheit und Präsenz deinem Leben widmen kannst.

7

Neurosen und Ängste heilen

Fred und Sonia lebten in einem wunderschönen Haus mit fünf Zimmern in einem Vorort von Vancouver, British Columbia. Das jüngste der drei Kinder war vor kurzem ausgezogen, um zu studieren. Dadurch entstand eine unerträgliche Leere und Stille im Haus. Die nun allein lebenden Eltern entschlossen sich, diese Lücke mit Bon Jovi zu füllen, einem schokoladenbraunen Labrador mittleren Alters.

Sie gingen aufgrund des Mythos, Alter und Rasse seien zuverlässige Indikatoren für ein angenehmes Temperament des Hundes, davon aus, dass Bon Jovi ruhig und gelassen war. Meiner Erfahrung nach sind Lebensstil, Umgebung und Führungsstil die weitaus besseren Parameter.

Bereits wenige Tage nach seiner Ankunft hatte Bon Jovi alle seine Zehen wundgeleckt. Das ist ein klassischer Ausdruck von Angst bei Hunden, ähnlich wie das Nägelkauen bei Kindern. Fred und Sonia war dieses eigenartige Verhalten nicht aufgefallen. Sie hatten mich hauptsächlich aufgesucht, um Bon Jovis problematischen Fluchtinstinkt zu kurieren. Er war schon so oft durch die Eingangstür des Hauses entschwunden, sodass Sonia ihm einen GPS-Tracker in sein fluoreszierendes Halsband genäht hatte. Vor kurzem rannte der nicht besonders straßensichere Labrador über die Autobahn und wäre einige Kilometer weiter fast von einem Auto angefahren worden.

Das Thanksgiving-Wochenende sollte in drei Tagen stattfinden, und das Paar wollte dafür ein großes Essen für Familie und Freunde organisieren. Nun hatten Fred und Sonia jedoch sehr große Sorge um die

Sicherheit ihres neuen Hundes. Sonia stellte sich vor, wie die Eingangstür an dem Abend mindestens zwanzig Mal auf- und zugehen würde. Wenn Bon Jovi nicht entfliehen könnte, würde er sicherlich jedes Mal beim Klingeln an der Tür jaulen und winseln und ein riesiges Aufsehen erregen. Ihr gefiel der Gedanke überhaupt nicht, ihn ins Schlafzimmer einzusperren oder draußen anzuketten. Sie wünschte sich einen ruhigen Hund, dem sie vertrauen konnte, und wollte sich nicht mit seinem stressbedingten Verhalten auseinandersetzen müssen.

Der Fluch unverdauter Gefühle

Ich saß am Küchentisch mit einer schönen Tasse Tee und erklärte Sonia, dass wilde Tiere immer mit einem tiefen und beständigen Sinn für Ruhe und geistiger Klarheit agieren. Das Gegenteil scheint jedoch bei vielen Haushunden und deren Besitzern der Fall zu sein. Bei intensiven Angstgefühlen verlieren wir die geistige Klarheit, da wir von unangenehmen Emotionen überflutet werden, die alle mit der Vergangenheit oder der Zukunft verknüpft sind, nur nicht mit der Gegenwart. Das mündet in unbewussten destruktiven Denk- und Verhaltensmustern. Die Energie unverdauter traumatischer Erfahrungen ist noch lebendig und will anerkannt, gefühlt und verarbeitet werden. Wenn wir diese Flut von alten Emotionen zulassen und bewusst wahrnehmen, erreichen wir einen Zustand der Heilung, der Gelassenheit und des Friedens.

Wir Menschen sind genauso anfällig für neurotisches Verhalten wie unsere Hunde. Sonia stellte keine Ausnahme dar. Selbst wenn Bon Jovi im Haus war, machte sie sich ständig Sorgen über seinen nächsten Fluchtversuch. Währenddessen lief sie in einer geraden Linie durch den schmalen Flur an Bon Jovi vorbei. Und das mindestens zehn Mal, seitdem ich angekommen war. Sie bezweckte damit nichts Böses, aber sie erzeugte ein konfliktträchtiges Gefühl. Unglücklicherweise führte das einen ohnehin schon neurotischen Hund dazu, noch neurotischer zu werden.

Während ich Sonia das erklärte, war draußen vor der Eingangstür ein dumpfer Schlag zu hören, weil ein Paket abgegeben wurde. Instinktiv schaltete Bon Jovi auf Hochtouren, seine überlangen Krallen gruben sich tief in den Holzboden und hinterließen Kratzer, die praktisch Sägemehl aufwirbelten, als er zur Haustür rannte. Sonia schaute mich verzweifelt an, als er an der Tür hochsprang und laut kläffte.

Der entspannte Alpha bewacht das Territorium

Sobald wir einen Hund in unser Haus bringen, erwartet er ein Alphaverhalten von uns. Um es auf den Punkt zu bringen: Die meisten Hunde fühlen sich zu hundert Prozent unsicher in ihrem eigenen Zuhause. Ihre ausgeprägten Sinne nehmen andauernd irgendwelche Bewegungen an Türen, Fenstern oder Gartenzäunen (die für sie die Grenze zu ihrem Revier sind) wahr. Haushunde verstehen nicht, dass Menschen Schlösser, Alarmanlagen oder Polizeischutz für die eigene Sicherheit verwenden. Hunde beurteilen die Sicherheit ihrer Situation aufgrund ihrer Wahrnehmung unseres Verhaltens. Dieses empfinden sie als gedankenlos, wenn wir weiterhin einfach an unserem iPad kleben bleiben, während draußen der Nachbar mit seinem bedrohlichen Yorkshire-Terrier vorbeiläuft. Das bedeutet für unseren Hund enormen Stress. Er mag unglaublich geschärfte Sinne haben, aber er betrachtet den Menschen als seinen Rudelführer, der für die Sicherheit sorgt. Aus der Sicht des Hundes demonstrieren wir Gleichgültigkeit zum falschen Zeitpunkt.

Die Zugangsmöglichkeiten zu unserem Haus sind tatsächlich Kraftgegenstände für unseren Hund. Wir können die Energie unseres Hundes beeinflussen, indem wir das Territorium überwachen. Wenn wir also Türen, Gartenzaun oder Erkerfenster mithilfe der Position des Besitzanspruches für uns geltend machen, wird sich unser Hund augenblicklich zurückziehen und unterordnen.

Aus der Sicht von Bon Jovi sollte Sonia die Bedrohung, die sich durch Postboten, Gäste und Nachbarn aufdrängte, bemerken. Zu seinem Pech hatte Sonia jedoch beim Klingeln an der Tür jedes Mal Sorge, dass ihr Labrador durch den Türspalt davonrasen würde. Sie erstarrte förmlich vor Angst, was sie daran hinderte, die entspannte Alpha-Präsenz auszustrahlen, die ihr Hund brauchte.

Den neurotischen Geist beruhigen

Zur Erinnerung: Kraftgegenstände sind die Ursache für die meisten emotionalen Reaktionen unseres Hundes, gleichzeitig aber auch die Lösung. Denke nur an das Experiment mit dem Hotdog: Wenn wir uns als entspannter Alpha auf den Kraftgegenstand beziehen und die Position der verbotenen Körperhaltung einnehmen, um den Besitzanspruch zu zeigen, verhalten sich unsere Hunde voraussehbar und ordnen sich unter. Zuerst setzen sie sich, dann legen sie sich hin und zum Schluss folgt die Schnauze auf den Boden zum Meditieren. Ihr Körper ist tief entspannt und ihr Geist ruhig, aber wach. Somit können sie sich auf uns, den „Besitzer" des Kraftgegenstandes, konzentrieren.

Ich verschwendete keine Zeit und machte mich sofort an die Arbeit für meine neuen Kunden. Fred und Sonia ließen mich wissen, dass gegrillter Lachs Bon Jovis Lieblingssnack war. Er fing jedes Mal an zu sabbern, wenn sie den Lachs aus dem Kühlschrank holten. Mit diesem Wissen gewappnet, bat ich Sonia ein ganzes, übrig gebliebenes Filet des hochwertigen Kraftgegenstandes in Bon Jovis Hundenapf zu legen, dann langsam damit den Flur entlangzugehen und etwa fünf Meter vor der Eingangstür zu stoppen.

Die Duftwolke war ein wirkungsvoller Köder für Bon Jovi. Er trabte hinter uns her und blieb stehen, als wir am Treppenabsatz gegenüber der Eingangstür stehen blieben. Der Labrador würde diese Treppe nun als natürliche Reviergrenze wahrnehmen, weshalb wir diesen Umstand nutzten, um einige neue Verhaltensmuster zu trainieren. Wir wollten ihm beibringen, sich an dieser Stelle hinzulegen und sich ruhig auf Sonia zu konzentrieren, egal was um ihn herum geschah, anstatt sofort aus der Haustür zu preschen, sobald sie beim Klingeln geöffnet wurde. Die Entfernung von fünf Metern vom Eingang diente der Absicherung für Sonia, damit sie einen guten Spielraum hatte, um sich zu bewegen und Gäste bei der Ankunft zu begrüßen.

Platz und Bleib: Der Weg des entspannten Alphas

Ich bat Sonia, den Hundenapf mit dem Lachs am oberen Ende der Treppe zu platzieren und die Position des Besitzanspruches (Napf zwischen die Füße stellen) einzunehmen. Sonia schaute Bon Jovi direkt in die Augen und nahm die angsteinflößende, verbotene Körperhaltung ein. Damit gab sie zu verstehen, dass der Lachs ihr gehörte, dem Alpha. Bon Jovi fokussierte sich nur noch auf den hochwertigen Leckerbissen, wobei sich sein Körper und Geist langsam unterordneten. Er zeigte Sonia verschiedene Beruhigungssignale – Gähnen, Schnauze lecken, nach unten schauen – und kommunizierte damit seine sich entspannende Energie. Er war eindeutig keine Bedrohung für die Ressource, die sie gerade bewachte. Ich ermahnte Sonia, Geduld und das Nichtreagieren zu üben (zwei Tugenden eines echten Alphas) und Bon Jovi zu ermutigen, sich schneller zu beruhigen. Innerhalb weniger Minuten hatte er sich wie absehbar in eine liegende Position mit dem Kinn auf dem Boden begeben.

Wir beobachteten Bon Jovis Atemrhythmus, der sich von einem aufgeregten Zustand (ein Schnaufen und Hecheln) in ein sanftes, fast unmerkliches Heben und Senken seines Brustkorbs verwandelte. Es haut mich jedes Mal um, wenn ich miterlebe, wie schnell und mühelos Hunde sich dem Alpha unterordnen. Da lag dieser haarige Guru, fünf Meter von der Haustür entfernt, und befand sich in einem seligen Bewusstseinszustand, vollkommen auf sein Frauchen fokussiert. Wir gaben ihm ein paar Stückchen Lachs mit der Botschaft, weiterhin schön liegen zu bleiben.

Die Entfernung kontrollieren: Kraftgegenstände aus der Entfernung bewachen

Wenn wir uns von einem Gegenstand entfernen, vergessen wir oft, ihn weiterhin mithilfe unserer Körpersprache zu bewachen. Wir müssen achtsam damit umgehen, denn unser Hund wartet nur auf eine solche Gelegenheit, um uns den Kraftgegenstand wegzuschnappen. Wir verlieren nicht nur unsere Machtposition als entspannter Alpha, sondern unser Hund bricht dadurch ebenso erfolgreich aus seiner „Platz-und-Bleib"-Position aus, bevor wir es ihm erlauben.

Um diese Situation zu trainieren, wollte ich Bon Jovi beibringen, sich oben auf der Treppe vor dem Futternapf mit dem Lachs hinzulegen und dort zu bleiben, auch wenn sich Sonia umherbewegte und viele mögliche Reize erzeugte.

Das Konzept „Die Entfernung bewachen" ist eine fortgeschrittene Methode, aus einer Entfernung den Besitz eines Kraftgegenstandes anzuzeigen. In Abbildung 12 erhältst du einen Eindruck von der Körperhaltung und der nonverbalen Kommunikation. Wenn wir diese Technik richtig anwenden, bleibt unser Hund auf natürliche Weise an seinem Platz verankert. Er richtet den Fokus auf dich, sodass du weggehen kannst, während er regungslos vor dem Kraftgegenstand verharrt, den du zu Anfang bewacht hast. Diese Technik ist ein ausgesprochen wirkungsvolles Mittel, um deinen Hund in eine zuverlässige „Platz-und-Bleib"-Position zu bringen. Es kann auf vielfältige und kreative Weise eingesetzt werden.

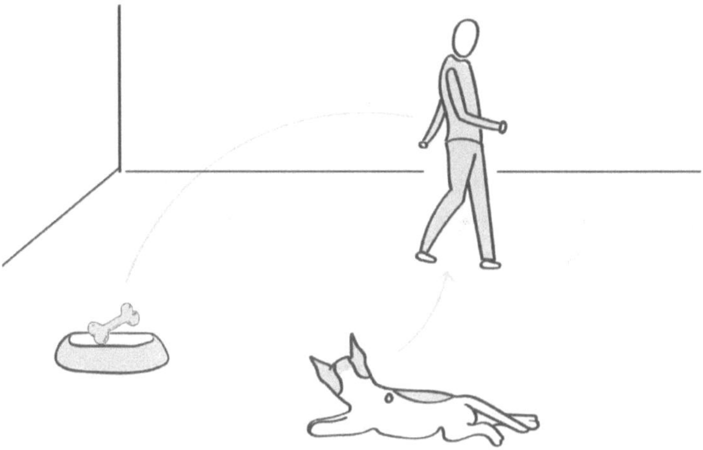

Abbildung 12: Bewachen aus der Entfernung

Wenn du einen Kraftgegenstand in Besitz genommen hast mithilfe der bereits thematisierten Technik des Besitzanspruches, tritt ein sehr interessantes Phänomen auf. Dieses können wir in unserem Training nutzen.

Nachdem sich dein Hund vollständig untergeordnet hat (durch Sitzen und Hinlegen mit Kinn auf dem Boden), bewegst du dich langsam weg von dem Kraftgegenstand.
Achte beim Weggehen auf deine Körperhaltung, sodass dein Gesicht die ganze Zeit über auf deinen Hund gerichtet ist. Deine Haltung ist entscheidend, denn sie bewirkt folgende Dinge gleichzeitig:

- Sie vermittelt dem Hund, dass du ihm nicht vollkommen traust.
- Du erhältst dadurch eine Machtposition, die besagt, dass du die Ressource immer noch besitzt.
- Die Angst, die die verbotene Körperhaltung ausstrahlt, schreckt den Hund davon ab, den Gegenstand zu stehlen.

Das Ergebnis ist, dass dein Hund still liegen bleibt und auf dich hört. Wenn du zurückkommst, kannst du ihn mit dem Kraftgegenstand belohnen. Einen Welpen eine funktionierende „Platz-und-Bleib"-Position beizubringen, dauert oft Monate. Mit dieser Technik erreichst du die gleichen Ergebnisse in wenigen Minuten.

Die Transformation

Bon Jovi lag immer noch auf dem Boden am oberen Ende der Treppe und atmete entspannt vor „Sonias" Fressnapf mit dem Lachs. Wir begannen systematisch damit, sein Nervensystem nacheinander mit den üblichen Eingangstür-Triggern zu überfluten. Ich forderte Sonia dazu auf, sich der Tür zu nähern und wieder zurück zu Bon Jovi zu gehen und dabei mit ihrer Körperhaltung die Entfernung weiterhin zu bewachen. Er blieb liegen, also belohnten wir ihn mit einem Häppchen Lachs. Ich bat Sonia, einige klassische Auslöser zu verwenden, die mit Türen zusammenhängen und die bei vielen Hunden Unbehagen schüren. Sie klimperte mit ihren Schlüsseln, zog sich ihre Jacke an und wieder aus, ergriff die Leine (als ob sie Gassi gehen wollte), drückte die Türklingel und öffnete sogar die Tür. Nach all diesen potenziellen Triggern ging Sonia zurück zu Bon Jovi und belohnte ihn mit einem Stuck Lachs, weil er ganz ruhig an seinem Platz geblieben war.

Einige Auslöser können erheblichen Stress beim Hund aktivieren, deshalb sollte man sie so sanft wie möglich einführen. Wenn sich der Hund durch die Ablenkung zu sehr aufregt, wird er aufspringen und aus der „Platz-und-Bleib"-Position ausbrechen. Wenn dies geschieht, intensivierst du deine Position des Besitzanspruches oder nutzt den Duft des Kraftgegenstandes, um die Energie des Hundes wieder umzuleiten. Arbeite dabei immer mit Gelassenheit.

Während dieser Übungen zeigte ich Sonia, wie sie besonders auf Bon Jovis Körperhaltung und Atemmuster achten sollte. Wir wollten die subtilsten Anzeichen seiner Reaktivität auf einzelne Stimuli entdecken. Das Ziel war es, ihn ruhig zu halten, während er getriggert wurde.

Sonia war überrascht, wie einfach es für sie war, mit sanftem Blickkontakt und einem Kraftgegenstand (dem Grill-Lachs) dieses neue Verhalten zu trainieren. Plötzlich konnte sie bei weit geöffneter Eingangstür im Foyer herumtanzen, ohne dass ihr Hund sich auch nur einen Millimeter bewegte. Ihre Körperhaltung veränderte sich allmählich, als der Stress von ihr abfiel. Sie sah selbstbewusster und schöner aus. Ihre Wirbelsäule richtete sich auf und ihre Stimme klang weich und liebevoll. Sonia verwandelte sich in eine völlig andere Frau.

Wir entschieden, das zweistündige Training zu beenden, und erlaubten Bon Jovi, den restlichen Lachs aus dem Futternapf aufzuessen, als Belohnung für seine neu gefundene mentale Disziplin. Ich empfahl Sonia, ihm für den Rest des Tages eine große Pause in seinem Meditationsraum (der Hundebox) zu gönnen, damit er die Ergebnisse der intensiven Energiearbeit, die gerade stattgefunden hatte, verdauen konnte. Wir beschlossen, dass ich am nächsten Tag für ein weiteres Training wiederkommen sollte. Innerlich wusste ich, dass Bon Jovi bereits heute die ganze harte Arbeit absolviert hatte. Wenn ein Hund einmal gelernt hat, was sein entspannter Alpha will, möchte er es ihm ständig recht machen.

Als ich am nächsten Tag an der Tür klingelte, war kein Bellen zu hören. Ein paar Sekunden später öffnete Sonia die Tür, ihr Blick nach hinten gerichtet, um Bon Jovi ausdrücklich etwas mitzuteilen. Sie „bewachte die Entfernung", und er lag friedlich oben auf dem Treppenabsatz. Als sie sich zu mir wandte, bemerkte ich ihr breites Lächeln. Es brauchte tatsächlich nur diese einzige Lektion, um Bon Jovis Fluchtprobleme endgültig zu zügeln.

Sonia rief mich eine Woche später nach Thanksgiving an, aufgeladen mit positiver Energie. Sie erzählte, wie sie etwas Truthahn in Bon Jovis Fressnapf gelegt und ihn oben auf die Treppe gestellt hatte. Der Labrador durfte ihn nicht berühren. Nach jedem ankommenden Gast belohnte Sonia Bon Jovis hervorragendes Verhalten mit einem Stückchen Truthahn. Im Verlauf des Abends ignorierte er die Türklingel, blieb gelassen und genoss seine Leckereien, jedes Mal, wenn sie ihm gereicht wurden. Für den Rest des Abends lag Bon Jovi zu Sonias Füßen unter dem Tisch, wie es sich für einen perfekten Hund gehört.

Trainingstipps

Platz und Bleib

1. Lege ein schmackhaftes Leckerli in den Hundenapf, um einen Kraftgegenstand zu haben, mit dem du die Reaktivität deines Hundes auf verschiedene Auslöser beeinflussen kannst.

2. Stelle den Napf auf den Boden, zwischen deine Füße, und nimm die Position des Besitzanspruches ein. Verwende die verbotene Körperhaltung, um nur ein wenig Angst zu kommunizieren und um deinem Hund klarzumachen, dass dies dein Kraftgegenstand ist.

3. Mach dir die unterordnende Reaktion zunutze, die für einen Hund natürlich ist, wenn ein Alpha seine Ressource verteidigt. Warte, bis sich dein Hund vollständig hingelegt hat, mit seinem Maul auf dem Boden. Nenne dieses Verhalten „Platz" und belohne ihn mit einem Stück Leckerli aus dem Kraftgegenstand Hundenapf.

4. Beginne dich von der Ressource wegzubewegen, während du die „Entfernung bewachst". Sobald sich dein Hund bewegt,

musst du dich durchsetzen. Er wird sich von selbst wieder hinlegen, weil sein Verlangen nach dem Kraftgegenstand seine primäre Motivation ist.

5. Wenn sich dein Hund daran gewöhnt hat, dass du dich vom Kraftgegenstand entfernst, nenne dieses Verhalten „Bleib“. Komme immer wieder zurück und belohne deine Fellnase, wenn sie in einem ruhigen Zustand ist.

6. Für optimale Ergebnisse verändere beliebig den Abstand und die Richtung, in die du dich bewegst. Intuitiv meinen wir vielleicht, die Entfernung allmählich aufzubauen sei besser. Dem ist nicht so, weil dein Hund das Muster begreift, je weiter du dich entfernst. Vermutlich wird er dann eher aus der „Bleib“-Position ausbrechen, weil er entweder zu dir kommen oder um deine Ressource kämpfen will. Daher sind zunächst ein paar kurze Entfernungen besser, dann eine längere und eine mittlere, gefolgt von einer kurzen und so weiter. Halte deinen Hund auf Trab.

7. Bereite deinen Hund immer auf den Erfolg vor und belohne ihn mit dem Kraftgegenstand, den du „bewacht“ hast. Beende die Übung mit einer positiven Geste.

Meditation

Heilender Schutz durch eine rosafarbene Kugel

Manchmal ist es hilfreich, das Vorstellungsvermögen einzusetzen, um unseren Mut aufzubauen, weil wir durch ihn unserer Angst mit Ruhe und Zuversicht begegnen können. Setze dich bequem hin oder lege dich auf den Rücken. Werde ruhig im Körper und richte deine Aufmerksamkeit auf den natürlichen Rhythmus deines Atems. Entdecke ihn an einer der drei Stellen: in deinem Bauch, deiner Brust oder an deinen Nasenflügeln. Konzentriere dich für ein paar Minuten oder so lange du möchtest auf diese Stelle. Stelle dir nun vor, wie dein Körper von einer rosafarbenen eiförmigen Lichtkugel umgeben ist.

Diese Farbe repräsentiert die alles liebende und heilende Kraft des Universums. Ihre Energie steht dir jederzeit zur Verfügung, wann immer du sie brauchst. Lasse das rosafarbene Licht langsam den Boden des Eies ausfüllen. Die warmen und liebevollen Energien umhüllen dich von unten bis oben. Stelle dir vor, wie sich dein inneres Kind im Schoß des Universums sonnt. Spüre seine Liebe und wisse, dass dieses Gefühl jederzeit für dich da ist.

8

Aufmerksames Gehen an der Leine

Als ich mit meinem Mietwagen in die Einfahrt fuhr, begrüßten mich Ella Mae und ihr Welpe draußen mit Freude. Meine Kundin war eine erfolgreiche Psychotherapeutin, die allein mit ihrer weißen Zwergpudelhündin Charlie Girl in einer Wohnhaussiedlung in Boulder, Colorado, lebte.

Menschen kamen von überall her, um Ella Maes Hilfe bei Angststörungen, Stresssymptomen und Depressionen aufzusuchen. Die Kommunikation mit Menschen und die mit Hunden sind sehr verschieden. Für sie haben unsere Worte wenig Bedeutung. Es sind vielmehr unser Körper, unser Verhalten und unsere Gefühle, die zu ihnen sprechen. Das trifft besonders auf das Gassigehen zu.

Ich grinste und dachte wieder einmal daran, wie Hunde uns wahrhaft in vielerlei Hinsicht widerspiegeln. Ella Maes sportliche rosa Baseballmütze und ihre türkisfarbenen Nike-Turnschuhe passten farblich zum Sweatshirt von Charlie Girl. Vervollständigt wurde das Outfit durch eine modische Leine, verziert mit seltsamen diamantförmigen Noppen. Auch wenn das Outfit ganz hübsch war, sprang mir Charlie Girls Verhalten sofort ins Auge. Der Welpe ignorierte Ella Mae, die ihn höflich gebeten hatte, „ruhig" zu sein. Stattdessen drehte sich der sechs Monate alte Zwergpudel im Kreis um Ellas Beine herum und verhedderte sie in die zwei Meter lange Leine.

Das wilde Schwanzwedeln und das aufgeregte Kläffen des Pudels boten gelinde gesagt ein peinliches Spektakel. Ella Maes Frustration heizte die Aufregung des Welpen nur noch mehr an. Dieses Verhalten war jedoch leider nur die Spitze des Eisbergs. Der junge struppige Guru stürzte sich auch auf Skateboarder, jagte Blätter und zitterte vor Angst vor den mysteriösen Erschütterungen des Müllwagens. Die wahren Schuldigen waren Charlie Girls ängstliche Emotionen. Außerdem vermittelte Ellas Leinenführung unbewusst alle möglichen falschen Botschaften.

Unsere unbewussten Spaziergeh-Strategien

Nach meiner Erfahrung lässt ein schlechtes Verhalten des Hundes an der Leine Rückschlüsse auf deine Führungspersönlichkeit zu. Sie fällt wahrscheinlich in eine von zwei ungünstigen Kategorien: Aus der Sicht deines Hundes (und möglicherweise auch anderer Menschen in deinem Leben) gehörst du entweder zu denen, die es „allen recht machen" oder denen, die „alles kontrollieren" wollen.

Wenn du es allen recht machen willst, hast du die Tendenz, deinem Hund überall dorthin zu folgen, wohin er gehen möchte. Als fühlende Seele tust du dies vermutlich, um den ständigen Zug am Hals des Hundes zu lösen. Vielleicht rechtfertigst du es mit der Überzeugung, dass du deinem Hund den Genuss der freien Natur erlauben willst. Dafür musst du zwei hohe Preise zahlen. Zum einen würde es dir viel mehr Freude bereiten, wenn dir dein Hund so folgte, wie du ihm folgst! Zum anderen vermittelt dein Verhalten, dass du in dieser Beziehung die Rolle des Mitläufers einnimmst. Führung ist nicht etwas, das du bei deinem Hund an- oder abschalten kannst. Wenn du ihn draußen nicht führen kannst, wie kannst du dann erwarten, dass er im Haus auf dich hört?

Diejenigen, die gerne „kontrollieren", neigen dazu, schon bei der kleinsten drohenden Verunsicherung an der Leine zu zerren. Du spürst bei deinem Hund instinktiv einen bevorstehenden Sprung oder ein Ziehen an der Leine, und der Gedanke daran macht dich nervös. Diese Methode verhindert zwar, dass sich der Hund schlecht benimmt, aber sie basiert auf Angst und blockiert die Entwicklung. Abgesehen davon, dass du deinen Hund würgst, führt dein Verkürzen der Leine aus Angst zu noch mehr Spannung. Außerdem missachtest du die Gefühle deines Hundes, und deshalb benimmt er sich überhaupt erst schlecht. Langfristig frustriert der Zug, den du erzeugst, deinen Hund; er ist einfach beunruhigt, nervös oder erregt über das, was er spürt. In solchen Momenten braucht er deine gelassene Präsenz und Führung, wenn du die beiden wichtigsten Kommandos beim Spaziergang anwendest.

Das „Stopp"-Kommando

„Stopp" ist eines der einfachsten Kommandos, das du deinem Vierbeiner beibringen kannst. Die Vielseitigkeit und Wirksamkeit werden es eventuell zu einem deiner Lieblingskommandos machen. Aus der Sicht deines Hundes bedeutet es alle diese Dinge gleichzeitig:

- Bleib jetzt ruhig (Stehen, Sitzen oder Hinlegen ist gut).
- Löse jeden Zug von der Leine und entspanne dich.
- Richte deine Aufmerksamkeit auf mich und sei aufnahmebereit.
- Bewege dich nicht, bis ich dich entlasse.

Das war die erste Lektion, die ich Ella Mae und Charlie Girl gab. Ella Mae wollte es lieber von mir gezeigt bekommen anstatt einer Erklärung in Worten. Ich nahm Ella Mae die Leine aus der Hand, trat zur Seite und stellte einen festen Blickkontakt zu Charlie her, um ihren Übermut zu dämpfen. Dieses konfliktträchtige Verhalten sagte aus, dass jetzt Entspannung angesagt war. Charlie antwortete mit einem hohen Knurren (um ihre Energie freizusetzen), schaute von mir weg und gähnte (zwei Beruhigungssignale). Der Zug an der Leine ließ sofort nach. Jetzt erst begann die eigentliche Arbeit. In diesem Augenblick sagte ich: „Stopp" und benannte damit das Signal, das ich dem Zwergpudel beibringen wollte.

Das Geheimnis dieses Kommandos liegt darin, deinem Hund vorzutäuschen, dass du wie ein massiver Holzpfosten bist. Denn ein Pfosten folgt niemals einem Hund. Abbildung 13 mit der Übung auf Seite 98/99 hilft bei der Festigung dieses eindrucksvollen Kommandos. Charlie zerrte wieder, da sie es gewohnt war, ihr Frauchen nach Belieben aus dem Gleichgewicht zu bringen. Als ich jedoch stabil blieb, erkundete sie jede Richtung, die ihr der Radius der Leine bot. Ich ging nicht auf ihre Bemühungen ein. Das habe ich oft genug getan. Und ich weiß, wohin das führt. Charlies Aufregung verwandelte sich schnell in Unruhe. An diesem Punkt wird dein Hund normalerweise versuchen, den Stress abzubauen, da er nicht weiß, was du von ihm willst. Er kratzt sich dann entweder am Nacken, jault, kaut an seinen Pfoten oder steckt sich etwas ins Maul. Das ist alles in Ordnung und sogar normal. Möglicherweise ist es das erste Mal, dass dein Hund nicht das bekommt, was er will, während er angeleint ist.

Alle Hunde werden irgendwann feststellen, dass sie selbst es sind, die die Spannung hervorrufen. Bleib einfach ruhig und gib der Situation keine zusätzliche Energie. Wir wollen ihnen beibringen und sie darin bestärken, dass sie die Macht haben, diesen Stress selbst aufzulösen.

Einige Minuten später begann Charlie zu gähnen und sah mich mit erhobener Pfote an. Ich erklärte Ella Mae, dass diese beiden Beruhigungssignale ein Zeichen für unsere Annäherung waren. Innerhalb von Sekunden setzte sich Charlie hin, legte sich mit ihrem Kinn nach unten auf den Boden, durchlief also die vorhersehbare Abfolge der Sequenz der Unterordnung. „Braves Mädchen", sagte ich leise. Ich warf ihr ein Leberleckerli zwischen die Pfoten. Ich wollte sie dazu ermutigen, weiterhin in der liegenden Haltung zu bleiben. Ihre Augen zwinkerten: Aha, mein neues Herrchen will, dass ich das mache, wenn er „Stopp" sagt.

Abbildung 13: Hund an einen Pfosten geleint

Schauen wir uns an, was im Körper und Kopf eines Hundes vorgeht, wenn er an einen Pfosten angebunden ist.

Schritt 1: Zunächst fängt der Hund an, die Lage zu erkunden. Er zieht in die eine, dann in die andere Richtung, ähnlich wie bei einem Spaziergang mit seinem Besitzer. Der Hund merkt schnell, dass er den Pfosten nicht bewegen kann. Das triggert seine Gefühle. Er ist frustriert,

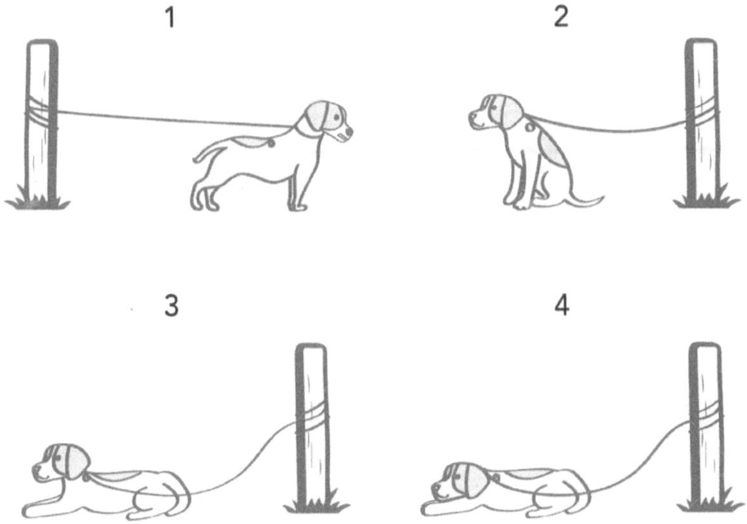

doch je stärker er zieht, desto mehr wird ihm klar, dass er selbst die Spannung an der Leine erzeugt. Dies ist nur ein weiteres Beispiel für den Grund, warum Hunde Gurus sind.

Schritt 2: Sobald der Hund sich selbst als Ursache für die gespannte Leine erkennt, versucht er, den Zug für sich zu lösen. Zunächst setzt er sich hin und wartet. Diese Haltung ist für einen Hund zu unbequem, um sie länger als ein paar Minuten zu halten. Also begibt er sich in eine angenehmere Position.

Schritt 3: Wenn er sich hingelegt hat, entsteht eine stabile Verbindung des Bauchbereichs zur Erde. Es ist fast wie ein Erdungseffekt, der dabei entsteht.

Schritt 4: Man spürt den Moment, in dem sich der Hund völlig hingibt und friedlich und gelassen wird. In dem Zusammenhang macht er immer einen großen Seufzer und legt seine Schnauze auf der Erde ab.

Ein Hundehalter mit guter Leinenführung versteht diesen Prozess und nutzt das vorhersehbare Ergebnis beim Training mit seinem Vierbeiner. Mein Vorschlag ist es, deinen Hund anzuleinen und selbst wie ein Pfosten zu stehen (zu Beginn und wiederholt während des Spaziergangs) und dabei das Kommando „Stopp" zu sagen. Lobe deinen Hund, wenn er die Schritte 2 bis 4 erreicht hat. Entlasse ihn aus diesem Kommando, indem du „Lauf" sagst und dann weitergehst.

„Lauf"

Vielleicht hast du schon einmal eine Entenmama beim Schwimmen beobachtet, während ihre Jungen ihr ruhig folgen. Damit führt dir die Natur ein harmonisches Kommando wie „Lauf" vor.

Wenn du das deinem Hund beibringen willst, besteht der erste Schritt darin, dein ganzes Wissen über das Gassigehen zu vergessen. Es geht nicht mehr darum, einen Weg von A nach B effizient zurückzulegen. Der zweite Schritt besteht darin, ziellos mit deinem Vierbeiner umherzuwandern. Die Taktik dabei ist, deinen Körper immer vor deinem Hund zu halten. Ab und zu sage dann „Stopp" und werde zu einem Pfosten, bis dein Hund zur Ruhe kommt. Wiederhole dann die Sequenz. Sage „Lauf" und geh mit einer möglichst lockeren Leine kreisförmig umher.

Ich empfehle, dieses Training beim ersten Mal auf einem freien Feld durchzuführen, auf einem leeren Parkplatz oder in einer ruhigen Straße, um Ablenkungen gering zu halten und den Erfolg zu vergrößern. Noch besser wäre ein abgelegener Ort im Wald. Die Stimmung der Natur wird deinen Geist klären und dein Bewusstsein schärfen.

Wenn dein Hund hinter dir ausschert, ist das ein Zeichen dafür, dass er abgelenkt ist oder die Führung übernehmen will. In dem Fall hast du mehrere Optionen. Das Wichtigste ist, effizient zu reagieren und den Hund davon abzuhalten, die Rolle des Anführers zu übernehmen. Wenn er beispielsweise nach links abbiegt, dann gehst du einfach nach rechts und läufst weiter. Der entscheidende Punkt ist es, eine neue Richtung einzuschlagen, damit sich dein Hund nicht mehr vor dir, sondern hinter dir befindet. Mache diese Übung kontinuierlich bis zu fünfzehn Minuten lang. Irgendwann wird dein Hund feststellen, dass er dich nie führen kann! Er wird kapitulieren, indem er den Kopf hängen lässt, dir folgt und sich deinem Tempo perfekt anpasst.

Richtlinien für das Vorbeilaufen an anderen Hunden

Die Kunst des achtsamen Gehens bereichert stets die gelassene Verbindung zwischen dir und deinem vierbeinigen Liebling. Wenn ein entspannter Alpha einen anderen Hund beim Spazierengehen sieht, betrachtet er dies nicht als Gelegenheit zum Spielen oder Kontakte knüpfen. Dafür ist die Spielzeit für Welpen oder der Besuch im Hundepark gedacht; andernfalls führt die Aufmerksamkeit deines Hundes gegenüber seinen Artgenossen immer zu einer angespannten Leine. Ein paar Male mit anderen Hunden beim Spaziergang zu spielen, trainiert deinen Hund leider dazu, vor dir herzulaufen und an der Leine zu zerren bei jedem Tier, das er sieht. In dieser Hinsicht sollte das Lösen des Zuges an der Hundeleine eher eine sachliche Angelegenheit sein.

Wenn du mit deinem Hund an einem anderen Hund vorbeiläufst, kannst du deine friedlichen Absichten, aber ohne Spiel, höflich vermitteln. Sowohl dein Hund als auch der Hund, an dem ihr vorbeigeht, sollen wissen, dass du weder an Aggression noch am Spielen interessiert bist. Kommuniziere dies an alle Beteiligten, indem du deinen Hund auf die andere Seite weg von den Hunden bringst und in einem Bogen um sie herumläufst. Schätze die Größe des Bogens ein nach den Reaktionen der betreffenden Hunde. Wenn beide ruhig bleiben und die Leine ebenso locker ist, dann ist ein höfliches Schnüffeln am Po erlaubt. Halte dich dennoch nicht auf, laufe einfach weiter. Es ist leichter, einen ruhigen Hund ruhig zu halten, als ihn nach seiner Aufregung wieder zu beruhigen.

Richtlinien für das Vorbeilaufen an anderen Menschen

Wenn wir mit unserem Hund achtsam spazieren gehen, begegnen wir manchmal jemandem, der unseren Hund begrüßen möchte. Dir ist klar, dass es euren Lauf-Fluss stört, wenn ihr anhaltet, damit er deinen Hund Hallo sagen kann. Der „Teddybär"-Effekt deines Hundes lockt die Person dennoch zu dir. Sie will einfach die Liebe deines Hundes genießen. Wer kann es ihr verdenken?

Als entspannter Alpha entscheidet man sich am besten, diese Situationen einfühlsam zu vermeiden, bis der Hund darin trainiert ist, in jeder Umgebung gelassen zu bleiben. Wir können diesen Leuten höflich aus der Entfernung zunicken oder dezent zuwinken. Das zeigt ihnen, dass wir sie wahrgenommen haben. Aber wenn wir mit der schützenden Körperhaltung einen Bogen um sie herum machen, verstehen sie, dass wir unsere Hunde „trainieren", und nehmen es nicht persönlich.

Die Transformation

Drei Monate später kehrte ich nach Colorado zurück. Ich rief Ella Mae an, um mich nach ihr zu erkundigen, und wir verabredeten uns zu einem weiteren Spaziergang um sieben Uhr morgens am kommenden Sonntag. Als ich in ihre Einfahrt bog, bot sich mir ein völlig anderes Bild als damals. Ella saß auf einer Holzbank in der Nähe ihres Gartens. Der Duft der blühenden einheimischen Felsenbirne war berauschend. Ihr Outfit war ein ganz anderes als zuvor. Der schlichte Poncho ruhte über ihren Schultern, während sie meditierte. Charlie Girl trug eine dünne braune Lederleine, die das achtsame Gehen wesentlich praktischer machte. Das eine Ende war mit Charlie verbunden, die sich mit ihrem Bauch auf dem feuchten Gras ausruhte.

Ella bedankte sich für mein frühes Kommen. Charlie tat es ihr gleich, wedelte sanft und zwinkerte mir bewusst zu. Diese gelassene Anerkennung war ihre Art, die Kommunikation ihres Frauchens mit mir nachzuahmen. In der Tat, unsere Vierbeiner sind wirklich unser Spiegelbild. Ella wies darauf hin, dass ihr junger haariger Guru derzeit das „Stopp"-Kommando beherrschte. Ihre neue Methode des Spazierengehens begann mit einem kurzen Pinkelgang, um die Blase ihres Welpen zu erleichtern, gefolgt von einer fünfzehnminütigen Meditation im Garten.

„Lauf", flüsterte Ella. Charlie stand ruhig auf und der morgendliche Spaziergang fing mit ein paar Aufwärmübungen an. Ella schlängelte sich langsam und bedachtsam durch ihren Garten. Charlie, bereits im Flow-Zustand durch die Meditation, folgte ihrem Frauchen stolz. Ella wechselte zu einigen „Stopp"- und „Lauf"-Übungen, während sie die gepflasterte Einfahrt auf und ab lief.

„Bist du bereit, Jesse?", fragte mich Ella mit einem verschmitzten Grinsen. „Dann lass uns gehen." Sie zwinkerte mir zu, und wir genossen einen herrlich entspannten und erfrischenden zwanzigminütigen Spaziergang zu dritt durch die Nachbarschaft. Ella lenkte Charlie und machte souverän einen Bogen um andere Hunde und verschiedene Ablenkungen. Mich überraschte diese Verwandlung von Hund und Besitzerin. Charlie folgte ihrem Frauchen an einer lockeren Leine, die nie den Boden berührte, während Ella dabei zu einem wahrhaft entspannten Alpha wurde.

Trainingstipps

Leinenführung

1. Die Richtung, in die du deinen Hund führst, erkennt er an der Ausrichtung deiner Augen.

2. Deinen angeleinten Hund anzuschauen, vermittelt ihm unbewusst fälschlicherweise, dass du ihn für den Anführer hältst. Er wird dich mit der Leine ziehen wollen.

3. Hunde müssen erst lernen, ihre Umgebung in Ruhe und Stille wahrzunehmen, bevor sie lernen, sich inmitten von Ablenkungen darin zu bewegen.

4. Wir sollten darauf achten, an welcher Stelle wir die Leine mit unserer Hand festhalten und wie viel Leine wir durchhängen lassen.

5. Sowohl beim Anhalten als auch beim Gehen sollte die Leine durchhängen (also nicht straff sein).

6. Halte die Leine während des gesamten Spaziergangs nicht immer an der gleichen Stelle. Die Handstellung sollte veränderlich sein, um das Durchhängen zu erleichtern. Somit hat dein Hund mehr Freiraum, um entspannt zu bleiben.

Meditation

Wie ein goldener Pfosten stehen

Geh mit deinem Vierbeiner in einen ruhigen Park. Bäume sind fühlende Wesen, sie sind lebendig und nehmen dich wahr. Finde einen Baum, der sich gut anfühlt, und stelle dich mit geschlossenen Füßen darunter. Stecke deinen Daumen durch die Schlaufe der Leine und verschränke die Hände. Lege sie auf deinen Unterbauch. Hier befindet sich deine energetische Kraftquelle. Sie spüren zu lernen und sie mit deinem Geist zu füllen ist eine uralte Methode, im Alltag ruhig und bewusst zu bleiben.

Körperliche Ruhe ist wichtig. Sie bewirkt Stille in unserem Geist. Mühelosigkeit ist ebenso entscheidend, weil sie uns erlaubt, mit unserer Energie tiefere Meditationszustände zu erreichen. Im Stehen lernt der Körper, sich zu entspannen, wenn die Innenseiten unserer Beine fest aneinandergedrückt sind. Unsere Anatomie weiß, wie wir uns mühelos aufrecht halten können. Darüber brauchen wir nicht nachzudenken, wir müssen es nur fühlen.

Bleibe ruhig und atme ein paar Mal bewusst und langsam ein und aus. Scanne deinen Körper im Geiste ab. Nimm deinen gesamten Körper wahr. Spüre Zehen, Füße, Schienbeine, Knie, Beine und Becken. Spüre deinen Rumpf, deine Schultern, Arme und deinen Nacken. Fühle deinen Kopf, wie er sanft auf deiner Wirbelsäule ruht. Spüre den Scheitel deines Kopfes.

Deine Füße bilden die Basis deines „Baumes". Stelle dir unsichtbare Wurzeln vor, die von deinen Füßen tief in die Erde reichen. Visualisiere, wie sich deine Wurzeln mit dem Erdreich vernetzen und mit dem Baum, unter dem du gerade stehst.

Dehne deine Ein- und Ausatmung auf ein gleichmäßiges Zählen bis vier aus. Beim Einatmen stelle dir vor, wie du goldenes Licht von den Blättern des Baumes durch die Krone deines Kopfes aufsaugst. Beim Ausatmen lasse diesen goldenen Nektar an deinem Körper hinunterfließen in den Bauch, deine Kraftquelle.

Stelle dir beim nächsten Einatmen vor, wie du dein energetisches Zentrum von allen Giftstoffen reinigst. Atme aus und visualisiere, wie sich schwarze Energie langsam löst. Beobachte, wie sie deine Beine hinunterfließt, durch die Wurzeln deiner Füße. Lass die Erde diese schwarze Energie aufnehmen und recyceln. Sie ist die Mutter aller Lebewesen; sie hilft uns immer dabei, unsere Energie zu reinigen, wenn wir uns dafür öffnen.

Wiederhole diesen Zyklus von Atmung und Visualisierung zehn Minuten lang oder auch länger, wenn du möchtest. Wenn du fertig bist, machst du ein paar bewusste Atemzüge und schaust, was dein Hund gerade macht. In welcher Position befindet er sich? Wie sieht es mit der Harmonie in diesem Moment aus? Mit sanfter Stimme sagst du dann „Lauf", und ihr geht zusammen wie eine sanfte Brise weiter.

9

Zen und die Kunst, Aggressionen abzubauen

Eines Abends erhielt ich einen Notruf von Malachi. Seine Stimme strahlte eine Autorität aus, die man von einem achtundvierzigjährigen CEO erwarten würde, es schwang jedoch noch eine tiefe Traurigkeit mit. Jeden Tag brachte er seinen Hund mit zur Arbeit in seinem in San Francisco ansässigen Start-up-Unternehmen. Es gab sogar einen firmeneigenen Hundeausführer.

Der Hundeausführer hatte Malachi gerade mitgeteilt, dass er die Hündin Donna aus dem Mittagsrudel werfen wollte. Er hatte es satt, dass die fünfunddreißig Kilo schwere Dobermann-Hündin beim Gassigehen wiederholt Kämpfe anzettelte.

Auch im Büro kursierten bereits Geschichten über Donnas Aggressivität. Vor ein paar Tagen streckte Gail aus der Verkaufsabteilung ihren Handrücken nach Donna aus, um eine freundliche Verbindung herzustellen. Diese gut gemeinte Geste, die eine Begegnung auf gerader Linie war, verängstigte den Hund dermaßen, dass er nach ihr schnappte. Seine Zähne verletzten zwar keine Haut, aber Gails Hemd bekam einiges ab. Donna erfasste den Stoff und zerfetzte ihn ab dem Ellbogen. Gail hatte sicherlich keine Angst bei Donna hervorrufen wollen. Bitte schau dir Abbildung 14 am Ende dieses Abschnitts an, um zu verstehen, wie sich Gails Kommunikationsversuch mit der ausgestreckten Hand für den Hund anfühlte.

Malachi wollte diese peinliche Situation im Keim ersticken. Wie konnte er seine Glaubwürdigkeit als Geschäftsführer aufrechterhalten, wenn sein Hund täglich für Aufruhr im Büro sorgte? Er wusste, dass sein aggressiver haariger Guru im Büro erst wieder willkommen sein würde, wenn er sich einer gehörigen Transformation unterzöge. Ich erkannte an Malachis Tonfall, wie sehr er Donna liebte.

„Sie hat eine solche zärtliche und liebevolle Seite, die nur ich kenne. Kannst du uns helfen?"

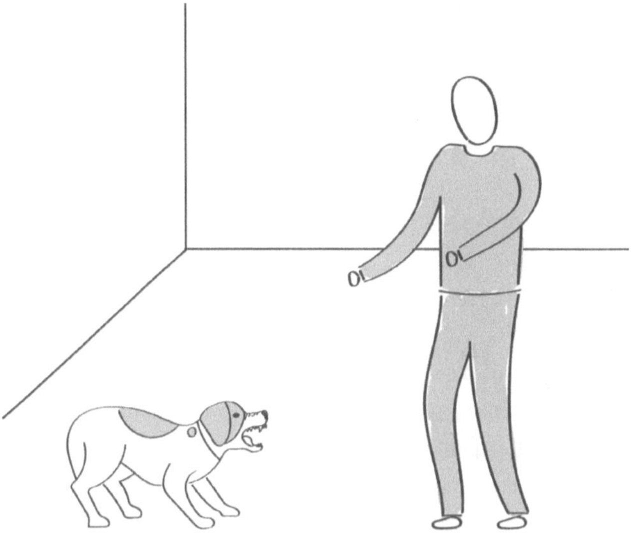

Abbildung 14: Hund steht in der Ecke

Es gibt eine alte Weisheit, die im Übrigen völlig falsch ist. Sie besagt, man solle zur Begrüßung eines fremden Hundes den Handrücken ausstrecken. Die Geste basiert zwar auf Liebe und Freundlichkeit, aber nach der Geheimsprache der Hunde ist sie völlig irreführend. In der Abbildung hat sich der Hund bereits in die Ecke gestellt.

Sein Verhalten deutet auf den Versuch hin, sich einen sicheren Platz zu suchen (aus diesem Blickwinkel kann sich nichts von hinten anschleichen). Es ist ein Zeichen für sein potenziell mangelndes Vertrauen. Seine Rute hat er zwischen die Beine geklemmt und seine Ohren sind gespitzt, beides Anzeichen der Vorsicht.

Das wichtigste Erkennungsmerkmal für den groben Missbrauch der verbotenen Körperhaltung besteht darin, sich einem Hund zu nähern, ihn anzuschauen und ihm die Hand zum Beschnuppern hinzustrecken. Kein Wunder, dass Donna nach Gail schnappte. Es war eine Art der Kommunikation. Der verängstigte Hund wollte sich durch sein offensives Verhalten nur wieder sicher fühlen.

Durch die Augen eines aggressiven Hundes

Der Empfangsbereich war geräumig gestaltet und hatte keine Sekretärin. Ich schaute den Flur herunter und bemerkte, dass sich Malachis Büro in der Ecke befand. Die Bürotür aus Milchglas war noch geschlossen. Ich konnte Donnas riesige Silhouette erkennen, weil sie sich im Inneren bewegte und ihr Territorium bewachte. Sie hatte mich vermutlich aus dem Fahrstuhl steigen hören und sich in diese schützende Position begeben, um Malachi auf meine Ankunft aufmerksam zu machen. Plötzlich riss er die Bürotür so kraftvoll auf, dass sie laut knarrte und die Angst seiner „Doberlady" verstärkte.

„Hey, Jesse, komm doch rein!" Malachi begrüßte mich mit seinem charmanten südafrikanischen Akzent. Sein Händedruck war genauso energisch wie sein Türöffnen. „Du musst Donna kennenlernen, sie ist eine ganz Süße", sagte er begeistert.

Ich zögerte, mich darauf einzulassen. Ich hatte den Eindruck, dass er überhaupt nicht auf die Gefühle seiner Hündin eingestellt war. Donna hatte sich nun direkt vor ihrem Herrchen aufgebaut und die schützende Körperhaltung eingenommen. Als ich sie kurz ansah, hob sie ihre Lefzen und zeigte mir ihre Reißzähne. Nicht gerade die freundlichste Geste. Ihre Nackenhaare hatten sich alle aufgerichtet, und ihr Schwanz zitterte zwischen den Hinterbeinen. Ich atmete aus und bemerkte, wie Donnas Stachelhalsband und ihre muskulöse Brust die einschüchternde Präsenz, für die sie gezüchtet wurde, noch intensivierten. Dann hörte ich, wie sie ein kaum wahrnehmbares tiefes Knurren von sich gab. Ich bekam Gänsehaut.

Ich wollte den Hund beruhigen, also machte ich einen übertriebenen Schritt nach hinten und gähnte in ihre Richtung. Ich bat Malachi, sich näher zu mir zu stellen, die schützende Körperhaltung einzunehmen und seinen Hund einige Sekunden lang anzuschauen. Das Training hatte bereits begonnen. Glücklicherweise vermittelten unsere gemeinsamen Verhaltensweisen Donna, dass ich vertrauenswürdig war. Schließlich wandte der verängstigte Guru seinen fokussierten Blick von mir ab und zog sich unter Malachis Schreibtisch zurück, wo er mich weiterhin vorsichtig beäugte.

Aggression verstehen

Wir denken selten über die Absichten hinter einem aggressiven Verhalten nach; in Wahrheit ist das Erschrecken anderer eine einfache Art, sie zu manipulieren. Aber wenn Hunde von Natur aus friedlich sind, warum sollten sie sich so verhalten? In den meisten Fällen liegt es an einer körperlichen oder emotionalen Wunde, die ein Hund erlitten hat.

Stelle dir einen Welpen mit einem verstauchten Knie vor. Würdest du ihn antreiben wollen, könnte er sehr wohl versuchen, dich zu beißen, damit du ihm nicht noch mehr wehtust. Ein weiteres Beispiel wäre ein Hund, der sich an Schmerzen aus einer früheren Erfahrung erinnert und der dich beim Schneiden seiner Krallen beißen will. Er hat zwar jetzt keine Schmerzen, aber er erinnert sich an den Hundefriseur, der ihm die Krallen einmal zu kurz geschnitten hat, weil er die Nervenenden in den Krallen falsch einschätzte.

In beiden Fällen ist dieses aggressive Verhalten lediglich ein Hinweis auf die momentane Gefühlslage des Hundes. Wenn man weiter gedankenlos mit dem Hund umgeht, gießt man Öl ins Feuer. Hunde haben ein emotionales Gedächtnis. Das nutzen wir, wenn wir sie wie ein entspannter Alpha trainieren.

Aggressionen in einem Lebewesen abzubauen gelingt am besten, wenn man ihm ein Gefühl der Sicherheit vermittelt. Je sicherer es sich fühlt, desto schneller wird es sich entspannen. Der erste Schritt liegt darin, dich besser auf den Hund einzustimmen. Als entspannter Alpha solltest du mit deiner Energie, mit der Umgebung und mit den Gefühlen des Hundes so oft wie möglich in Verbindung stehen. Schnelles Handeln ist der Schlüssel im Umgang mit Aggression, da sich die Energie der Aggression extrem schnell ansammelt. Es führen viele Wege nach Rom. Das Schöne an der Geheimsprache der Hunde ist, dass es immer mehrere Lösungen für ein und dasselbe Problem gibt.

Befehle mit Respekt und Liebe erteilen

Ein entspannter Alpha vermittelt seinem Hund Sicherheit mit der schützenden Körperhaltung, auch bekannt als die Bodyguard-Position.

Malachi könnte Donna befehlen, sich hinter ihn zu stellen, während er sich auf ihre Körpersprache einstellt; wenn er sie mit seinen eigenen Beruhigungssignalen wie Gähnen oder Blinzeln überhäufte, würde sie sich sicher fühlen und beruhigen. Zusätzlich würde der Kung-Fu-Finger an ihrem Nacken ihr ein Gefühl der Absicherung vermitteln. Würde sie in irgendeiner Weise reagieren, wäre Malachi sofort Herr der Lage und könnte die Situation kontrollieren.

Die Verantwortung eines Herrchens oder Frauchens ist zu jeder Zeit gefragt, weil die Gefühle des Hundes nie abgeschaltet sind. Wenn du aufmerksam, ruhig und souverän bleibst, kann dein Hund gelassen sein, weil er spürt, wie du das Territorium im Griff hast.

Kraftgegenstände

Malachi konnte Donnas Aufmerksamkeit auf einen Kraftgegenstand umlenken, den er unter seinen Schreibtisch platzierte (wo sie sich gerne hinlegte). Es kann ein befüllter Futterball sein, etwas Rohleder oder ein anderes hochwertiges Kauobjekt. Es sollte hauptsächlich als Ablenkung jeglicher Art von Angst beim Hund dienen. Wenn Donna ihre Aufmerksamkeit auf das Kauen lenkt, ermöglichte ihr das, ihre Energie ergiebig abzubauen.

Wenn wir verstehen, welche Anziehung Kraftgegenstände auf Verstand und Emotionen unseres Hundes haben, erscheint es sinnvoll, einige davon vorrätig zu haben. Dein Welpe wird diese angebotene spontane „Zeit des Vergnügens" lieben und nicht darauf kommen, dass du ihn eigentlich von einem schlechten Verhalten abbringen willst.

Das aufgeklärte Hundebox-Training

In unserem Training empfahl ich Malachi, Donna eine Hundebox in die hintere Ecke seines Büros zu stellen. Donnas Anblick erzeugte Angst, eben auch bei den Angestellten. Deshalb beklagten sie sich oft darüber. Diese Angst löste in Donna jedes Mal Aggressionen aus.

Eine Hundebox als Lösung minimiert dieses Risiko vollständig. Wenn Mitarbeiter in Malachis Büro kämen, könnte er Donna einfach befehlen, in ihr Refugium zu gehen und zu meditieren. Sie würde sich dort geschützt und sicher fühlen, besonders wenn es mit einer Decke abgedeckt wäre. Je unauffälliger das Refugium ist, desto weniger Besucher bemerken die Anwesenheit eines Hundes. Denke daran, dass sich Hundeboxen wie Höhlen für Hunde anfühlen. Diese kleinen Lebensräume haben eine natürliche, beruhigende Wirkung auf sie. Deinem Welpen einen solchen sicheren Ort anzubieten reduziert die Aggression erheblich. Der Hund wird dadurch viel gelassener.

Kenne deinen Hund

Wenn wir uns auf den Weg machen, uns auf unsere Vierbeiner einzulassen, müssen wir jede aggressive Situation aus einer Haltung des Friedens und des Nichtreagierens untersuchen. Aus welchen Gründen greift ein Hund an? Es sind Revierverhalten, Beschützerinstinkt, Besitzanspruch (auf eine Ressource, ein Spielzeug, einen Menschen und so weiter), Mangel an sozialer Kompetenz, Frustration, körperlicher Schmerz, Angst, Abwehrhaltung oder Hormonstörung (Sexualverhalten, Paarungsverhalten, keine Kastration).

Aus Sicherheitsgründen und je nach Ausmaß der Aggressivität ist es oft sinnvoll, mit einem professionellen Trainer zu arbeiten. Schon ein einziger Aggressionsausbruch kann uns belasten und unseren Stresspegel erhöhen, was unser Hund sicherlich spüren wird.

Die Transformation

Ein Monat später besuchte ich Malachi erneut in seinem Büro. Als ich aus dem Fahrstuhl trat, erwartete er mich bereits direkt vor seiner Bürotür. Er wirkte wie ein wahrhaft entspannter Alpha, ruhig, gelassen und selbstbewusst. Er hatte die schützende Körperhaltung eingenommen. Ich fragte mich, wo Donna war. Malachis Stimme war unglaublich sanft und warm. Er bat mich in sein Büro.

Als ich hineinging, bemerkte ich mit Überraschung, dass am unteren Bereich der Fensterfront keine Sabbereien mehr zu sehen waren. Malachi strahlte vor Stolz, als er daran dachte, wie Donna immer schnaufend und sabbernd ihren aufflammenden Revierinstinkt am Fensterglas ausgedrückt hatte. Ich war schwer beeindruckt von seiner gesteigerten Einfühlsamkeit.

Schließlich entdeckte ich Donna mit abgelegter Schnauze auf dem Boden liegend. Sie lag auf ihrer Matte, die sich in der hintersten Ecke des Büros befand. Auf dem Boden lag vor ihrer Nase ein unwiderstehlicher biologischer Leckerbissen aus geräuchertem Elchgeweih. Donnas Augen waren sanft und ganz auf ihr Herrchen gerichtet. Wohin Malachi auch ging, ihre Augen folgten ihm. Sie war diszipliniert und wartete auf das Kommando, diese „Ressource" essen zu dürfen.

Sie blieb so, als ich mich hinsetzte und mir von Malachi den neuesten Stand der Entwicklung anhörte. Diese Version von Donna wirkte auf mich nicht im Geringsten beängstigend. Mit ihren entspannten Muskeln, dem schimmernden schwarzen Fell und ihrer ruhigen Ausstrahlung sah sie sogar majestätisch aus. Ich fragte Malachi, ob ich sie streicheln dürfe. Er entgegnete mir friedlich, aber bestimmt, das sei keine gute Idee, er wolle ihre Disziplin gerade nicht unterbrechen. Der Hundeausführer werde jeden Moment kommen, um sie mit dem Rudel mitzunehmen, nachdem sich ihr Verhalten so verbesserte habe. Das sei der ideale Zeitpunkt für mich, Donna zu streicheln.

Malachi erzählte mir von seiner persönlichen Wandlung, die er im letzten Monat erlebt hatte. Ihm wurde klar, dass er sich nicht besonders gut auf seine Angestellten eingelassen hatte. Das wäre nicht schwer gewesen, dennoch war er ziemlich schroff zu ihnen und hatte unglaubliche Erwartungen gestellt, die nicht unbedingt gerecht erschienen. Als er lernte, sich auf Donnas Gefühle einzustellen, entwickelte sich in ihm auch eine mildere Haltung seinem Team gegenüber.

Er stellte fest, dass sein Team sich nicht traute, Nein zu all seinen Forderungen zu sagen. Er reagierte oft wütend und enttäuscht, wenn seine Mitarbeiter seine Erwartungen nicht erfüllten. Ihm war klar geworden, wie sie nur aus Angst heraus Ja zu ihm sagten. Durch seine Arbeit mit Donna war Malachis emotionale Intelligenz aufgeblüht. Plötzlich sorgte er sich um die Empfindungen seiner Mitarbeiter und versuchte, das Betriebsklima zu verbessern, indem er seine Kommunikationsfähigkeit verfeinerte. Er entdeckte bald, wie er die Ziele seiner Firma seinen Mitarbeitern besser vermitteln konnte, wenn er sich bedingungslos auf sie einließ. Die Produktivität und die Arbeitsmoral im Büro stiegen deutlich an, während Donnas Stresspegel erheblich sank – in dieser Umgebung konnte sich jeder mehr entspannen.

Trainingstipps

Mit dem Clicker das Aggressionsverhalten stoppen

Die folgende Methode ist ein unglaublich beliebter Ansatz, um Hunden schnell und artgerecht einen guten Umgang mit Situationen beizubringen, die sonst Aggressionen bei ihnen auslösen würden. Diese Methode kann in vielen verschiedenen Szenarien angewandt werden.

Phase 1 – Stelle deinem Hund den Clicker vor

1. Zunächst bringen wir unserem Hund bei, das Geräusch des Clickers mit einer tollen Belohnung zu assoziieren. Außerhalb der Sichtweite deines Hundes lege etwa zwei Dutzend mundgerechte Leckerlis zur Seite.

2. Wenn dein Hund es nicht erwartet, mach ein Geräusch mit dem Clicker und gib ihm dann die Belohnung. Arbeite in Stille und wiederhole dieses immer dann, wenn dein Hund dir nicht mehr zuhört. Schon bald wird das Clickgeräusch eine positive Assoziation bei ihm hervorrufen. Dein Hund wird dich wieder anschauen, sich auf dich konzentrieren und ein Leckerli erwarten.

Phase 2 – Verwende den Clicker zum Signalisieren, Umkonditionieren und Belohnen

3. Beginne damit, dass dein Vierbeiner angeleint und weit weg genug von einem Auslöser ist (beispielsweise einem Fremden), damit er sich nicht bedroht fühlt. Es geht vor allem um die Vermeidung eines aufblitzenden Abwehrverhaltens wie Knurren, Anspringen, Schnappen oder Beißen.

4. Wenn dein Hund ruhig ist, mach ein Geräusch mit dem Clicker und belohne deinen Hund anschließend.

5. Nähere dich allmählich dem Auslöser in einem Bogen. Nach ein paar Schritten halte an, klicke und belohne.

6. Geh noch einen Schritt näher heran, klicke und belohne. Wir konditionieren die ängstliche Reaktion deines Hundes um in eine Konditionierung des Vertrauens und der Freude. Setze diese Sequenz in einem sicheren Abstand fort und bleibe dabei geduldig. Nimm die schützende Bodyguard-Haltung ein und verwende einen sanften Tonfall, um deiner Fellnase das Gefühl der Sicherheit und Entspannung zu geben.

7. Nähere dich langsam dem Auslöser, klicke dabei und lobe deinen Hund.

8. Dein Hund lernt, dass der Auslöser mit einem Leckerli gleichzusetzen ist, und er wird sich auf natürliche Weise auf dich konzentrieren.

Meditation

Dich auf dich selbst einstimmen

Schließe deine Augen und setze dich bequem vor einen Spiegel, entweder im Schneidersitz oder aufrecht auf einem Stuhl. Werde still, und stelle eine Verbindung zum Boden her. Spüre, wie deine Sitzknochen in die feste Oberfläche einsinken. Lasse diese Verbindung mit der Erde die Grundlage deines Bewusstseins werden. Mithilfe deiner Vorstellungskraft dehne dich von der Basis deiner Wirbelsäule durch dein Becken, deine Oberschenkelknochen, deine Knie und Fußgelenke bis hinunter in deine Zehen aus. Lasse die Erde deine Wurzeln aufnehmen und erlaube ihr, den Effekt der Schwerkraft auf deinen Rücken auszugleichen. Atme in deine Wirbelsäule und nimm eine aufrechte, aber bequeme Haltung ein, damit sich dein Scheitel in Richtung Himmel öffnen kann.

Bringe deine Wahrnehmung in den Bauch, die Brust, den oberen Rachenraum und die Nasenhöhle. Versuche nicht, sie zu verändern oder sie an eine andere Stelle zu lenken. Übe dich darin, dich auf die inneren Mechanismen deines Atems einzulassen, ohne sie dabei in irgendeiner Form beeinflussen zu wollen. In dieser Übung geht es darum, Raum zu geben. Vertraue auf die Führung einer natürlichen Intelligenz, die größer als die unsere ist, und die deine Lebenskraft dorthin schickt, wo sie gebraucht wird.

Wenn du dich geerdet und friedvoll fühlst, öffne deine Augen und schau dich im Spiegel an. Wie lange kannst du Augenkontakt mit dir selbst halten, bevor du dich instinktiv abwendest? Du schaust dich nur selbst an. Es gibt keinen Grund, das Spiegelbild zu meiden, dennoch reagieren wir instinktiv in dieser Form.

Schließe deine Augen und zentriere dich wieder, stelle dann noch einmal den Augenkontakt mit deinem Spiegelbild her. Mache dieses Mal zehn bewusste Atemzüge, während du dir weiterhin in die Augen schaust. Stimme dich auf dich selbst ein. Welche neuen Empfindungen tauchen auf? Wo verkrampft sich dein Körper? Wie fühlt sich dein Gesicht an? Welche Emotionen tauchen auf? Beobachte diese Dinge, ohne sie zu bewerten, und lasse sie alle los.

10

Reichlich Freude und Lebenskraft für dich und deinen Hund

Die Reise zur Entdeckung wahrer psychischer Gesundheit unternehmen wir nur einmal in unserem Leben. Glücklicherweise begleiten uns dabei drei Weisheitslehrer auf unserem Weg. Diese Lehrer erscheinen immer in der gleichen Reihenfolge und nur dann, wenn der Schüler bereit ist. Zuerst kommt der Schmerz, der uns auf die Stille hinweist, die uns zur Liebe schubsen will, die uns wiederum lehren will, wie wir die Süße der Fülle finden, die unser Geburtsrecht ist.

Unsere Fellnasen, die nun einmal unsere haarigen Gurus sind, können uns viel über Mitgefühl und Freude beibringen. Wir brauchen uns nur die Grundsätze der Geheimsprache der Hunde anzuschauen, um zu erkennen, dass jedes konfliktfreie Verhalten eines Hundes auf der Basis von Präsenz und Freundlichkeit geschieht. Die Essenz seiner Beruhigungssignale besteht in Frieden, Harmonie und Sicherheit. Ein Hund hat Tag und Nacht nur die Liebe im Kopf.

In unserer materialistischen Kultur stellt die breite Masse der Gesellschaft den Profit über die Liebe. Ein Ergebnis dieser Programmierung ist, dass unser Unterbewusstsein diese falschen Glaubenssätze darüber, wie wir unser Leben leben sollten, verinnerlicht hat. Uns wird beigebracht, wie der Konsum von Dingen uns glücklich macht; sobald wir uns jedoch irgendeinen Wunsch erfüllt haben, verflüchtigt sich unsere Zufriedenheit.

Auf unserem Weg zu einem entspannten Alpha verpflichten wir uns, pausenlos in den Strom des gegenwärtigen Moments einzutreten, damit wir uns mit unserem Hund verbinden und in Echtzeit mit ihm kommunizieren können. Im Verlauf dieses Prozesses werden wir alle möglichen schlechten Angewohnheiten oder Ablenkungen, auf die wir uns zur Beschwichtigung unserer intensiven Gefühle gestützt haben, auf natürliche Weise überwinden.

Diese Angewohnheiten haben uns einmal gut gedient. Sie haben unsere Ängste oder chronischen Schmerzen, die wir nicht begreifen konnten, gelindert. Realitätsflucht behindert unsere Fähigkeit, uns auf den gegenwärtigen Augenblick einzulassen, wodurch wir alle möglichen Gelegenheiten der Kommunikation mit unseren Hunden verpassen. Außerdem verharren wir auf einer niederen Bewusstseinsebene, was in indirekter Weise alle Arten von unerwünschten Verhaltensweisen bei unseren haarigen Gurus hervorruft.

Die Reise zu einem entspannten Alpha und die praktischen Lehren, die dir dein haariger Guru erteilt, werfen ein Licht auf alle unsere unbewussten Verhaltensweisen und Programmierungen. Stück für Stück werden die Schichten deiner konditionierten Psyche aufgedeckt. Weisheit und Mitgefühl kommen von allein, und der Griff des Ego lockert sich. Das Gesetz der Anziehung, das wir später noch kennenlernen werden, entfaltet sich immer mehr. Du wirst glücklicher, gesünder, wohlhabender und weiser. Dieser Prozess geschieht auf natürliche Weise; du brauchst nicht einmal darüber nachzudenken.

Wie sich wahre psychische Gesundheit anfühlt

Stell dir vor, es ist kalt draußen, und du und deine Fellnase kommen gerade von einem Sonntagsspaziergang durch den Wald zurück. In deinem Haus wärmt ein knisterndes Feuer das gemütliche Wohnzimmer. Du möchtest dich ausruhen, also kuschelst du dich in deinen Lieblingssessel vor dem Kamin. Du blickst auf den Teppich und bemerkst eine niedliche Sammlung der Lieblingsschätze deines Vierbeiners – alte Kaustäbchen, ein quietschendes Gummihuhn, einen alten Tennisball und eine deiner Sportsocken. Dieser Anblick erfüllt dich mit tiefer Freude.

Du schärfst deinen entspannten Alpha-Fokus, indem du dieses Gefühl etwa zwanzig Sekunden lang auskostest, lang genug, dass das

Gesetz der Anziehung ein Glücksgefühl für den Rest des Tages erzeugt. Diese Technik des Fokussierens lässt in kürzester Zeit ein Gefühl der Fülle und des Wohlbefindens in dir aufkommen. Wir werden später in diesem Kapitel darauf zurückkommen.

Schon bald driften du und dein Hund in einen angenehmen Mittagsschlaf am Sonntagnachmittag. Während du langsam einschläfst, verschiebt sich dein Bewusstsein vom plappernden Geist zum reinen Bewusstsein, dem optimalen Zustand geistiger Gesundheit. In dem Moment gibt es keine Gedanken. Deine Muskeln sind entspannt, und deine Atmung ist rhythmisch. Dein Körper fühlt sich wohl, dein Geist und deine Emotionen sind ruhig. Es wird selten über das Konzept geistiger Gesundheit nachgedacht, aber in den Augenblicken kurz vor dem Einschlafen erleben wir diesen Zustand der Vollkommenheit flüchtig.

Während du lernst, durch Meditation und deine entspannte Alpha-Arbeit diese Gegenwärtigkeit für längere Zeit aufrechtzuerhalten, wirst du merken, wie dieses Gefühl des Wohlbefindens einen Schneeballeffekt auslöst. Du brauchst dich dafür nicht mehr allzu sehr anzustrengen, es stellt sich einfach von selbst ein. Dieses kraftvolle Phänomen ist für einen entspannten Alpha sehr nützlich. Es steigert deine Präsenz und stimmt dich noch mehr auf deinen Hund ein. So bist du in der Lage, deinen Hund mit Respekt und Liebe zu kommandieren. So geschah es meinem Schüler Anthony, den du bald kennenlernen wirst.

Heile dich selbst, heile deinen Hund

Geist und Körper sind untrennbar miteinander verbunden. Wenn wir unseren Körper mit Zucker, Zigaretten, Alkohol oder anderen minderwertigen Produkten füttern, können wir nicht umhin, die Auswirkungen in unserem Geist zu spüren. Das Gift in unserem Körper beeinträchtigt Konzentration, Klarheit und Gefühle. Es führt zu Lethargie und stärkt den unbewussten Kreislauf negativen Denkens. Ähnlich verhält es sich, wenn die Qualität unserer Gedanken negativ, verurteilend oder auf irgendeine Art toxisch ist. Sie verursacht unangenehme Emotionen, die sich im Körper niederschlagen. Der Geist beeinflusst den Körper, und der Körper beeinflusst den Geist. Als entspannter Alpha müssen wir darauf achten, was wir zu uns nehmen (Nahrung, Getränke, Arzneimittel und so fort), wir müssen unsere zugrunde liegende Motivation beobachten und wie das unsere Stimmung im Nachhinein prägt.

Das Sprichwort „Der Apfel fällt nicht weit vom Stamm" gilt auch für unsere Fellnasen: Der Zustand unserer körperlichen und geistigen Gesundheit wirkt sich auf ihr Wohlbefinden aus. Und das unabhängig davon, ob wir daran denken oder nicht. Das war auch bei meinem Kunden Anthony der Fall. Chewy, sein drei Jahre alter gelber Labrador, litt unter Fettleibigkeit, chronischen Magenproblemen, Haarausfall, juckender Haut und schwachen Hüften. Anstatt ein- oder zweimal am Tag einen perfekten, torpedoförmigen Hundehaufen hinzulegen, spritzte Chewy manchmal drei Mal pro Spaziergang etwas, was in der Konsistenz einem Softeis ähnelte.

So wurde aus Chewy ein sehr ängstlicher Hund, der viel winselte.

Anthony selbst war übergewichtig, aß etliche Male die Woche Fast Food, trieb nie Sport und litt aufgrund seiner schlechten Ernährung und seinen chronischen Angstzuständen an einem nervösen Magen. Ihm war nicht in den Sinn gekommen, dass die Verdauung ein Barometer für die Gesundheit sein könnte, bis seine Schmerzen ihn dazu zwangen, etwas ernsthaft zu verändern.

Eines Tages erlitt Anthony eine Panikattacke, als er mit dem Linienbus auf einer belebten Straße entlangfuhr. Er sah, wie er vorübergehend die Kontrolle über das Fahrzeug verlor. Der intensive Schrecken über dieses Erlebnis ließ ihn sofort zur Besinnung kommen. Er erkannte ernüchtert, dass er in seinem Leben keine guten Entscheidungen getroffen hatte. Auf meinen Rat hin begann Anthony, jeden Morgen zu meditieren, bevor er mit seinem Labrador Gassi ging. Beiläufig erwähnte ich die Rolle, die die Ernährung für unsere Emotionen spielt, sowohl für unsere eigenen als auch die des Hundes. Und das klang für ihn vernünftig.

Es inspirierte ihn jetzt, bewusst zu essen. Er machte es sich zur Aufgabe, seinen Körper so gut wie möglich zu ernähren. Er spürte einfach nach, wie es ihm nach einer Mahlzeit ging. Hinzu kam eine grundlegende Recherche im Internet, und Anthony begann an seiner Ernährung zu arbeiten. Er beobachtete die Klarheit, die er nach dem Verzehr von gesunden Lebensmitteln verspürte. Nach schweren fleischlastigen Mahlzeiten fühlte er sich stundenlang träge. Das Fasten half ihm ebenso dabei, seine Organe zu reinigen und sein Energieniveau anzuheben. Außerdem bemerkte er die Wirkung von unverarbeiteten, nährstoffreichen und pflanzlichen Superfoods: Sie gaben ihm am meisten Energie, Lebenskraft und einen klaren Kopf. Schmerz und Stille hatten Anthony dazu inspiriert, liebevolle Entscheidungen für sich zu treffen.

Als Anthony diese tiefgreifenden gesundheitlichen Vorteile in seinem Leben erkannte, hörte er auf, Chewy minderwertige, verarbeitete Hundesnacks zu füttern. Ihm wurde ebenso klar, dass der Kauf von günstigen, lange haltbaren Großpackungen von Trockenfutter im Grunde Sparmaßnahmen waren und nicht von Herzen kamen. Bald ließ er die aus einem schlechten Gewissen heraus, gekauften Leckereien weg.

Auf meine Empfehlung hin fing er an, Chewy rohes Fleisch, Knochen und Innereien zu füttern – die Superfoods für Hunde. In nur einem Monat lösten sich Chewys Verdauungsprobleme vollständig auf, sein Fell wuchs nach, sein Juckreiz hörte auf und seine Verdauung wurde einwandfrei. Hunde sind schlau, sie wissen, wer sie füttert, und spüren, wie die Nahrung auf sie wirkt. Wenn sie merken, wie sich ihr Leben durch unsere Entscheidungen für ihr Wohlergehen verbessert, wachsen ihre Liebe und Achtung für uns. Damit wächst auch unsere eigene entspannte Alpha-Kraft.

Das Gesetz der Anziehung nutzen

Das Gesetz der Anziehung, gilt, ähnlich wie das Konzept der Beruhigungssignale, immer. Was wir denken und fühlen, strahlen wir ins Universum aus. Dieses geschieht, ob wir uns dessen bewusst sind oder nicht. Das Universum spürt unsere momentanen Emotionen und schickt uns auf mysteriöse Weise Ereignisse, Menschen und Eingebungen, die noch mehr von diesen gleichen Gefühlen erzeugen. Wenn wir uns geistig im Kreis drehen, über die Vergangenheit oder die Zukunft grübeln, dann ziehen wir Menschen, Begebenheiten und Erlebnisse an, die uns Angst oder Sorge einflößen.

Auf der anderen Seite liefert das Universum in gleicher Weise, wenn wir zufrieden, vital und vom Leben begeistert sind. Sobald wir die Dynamik unserer Gefühle verändern, indem wir unsere geistige und körperliche Gesundheit in die Hand nehmen, verbessern sich alle Bereiche unseres Lebens auf natürliche Weise.

Die Entscheidung, dein Wohlbefinden zu verbessern, ist genau der Weg, das Gesetz der Anziehung zu nutzen.

Kommen wir noch einmal zurück zu Anthony und Chewy, um zu sehen, wie sich das Universum für Anthony um den Rest kümmerte.

Durch seine tägliche Meditationspraxis und sein Versprechen, liebevolle Entscheidungen für sich selbst zu treffen, wurde sich Anthony seiner Gedanken und Gefühle zunehmend stärker bewusst. Er spürte die positive Wirkung seiner Ernährung auf Geist und Körper. Er suchte nach weiteren Möglichkeiten, seine Energie zu steigern und eine positive Einstellung zu pflegen, um sich noch wohler zu fühlen. Tägliches Üben in all diesen Bereichen half dabei, besonders, wenn er gleich morgens damit anfing. Er nahm Chewy zu dreißigminütigen Power-Märschen entlang ruhiger Waldwege mit. Er ließ seine eigenen Kraftobjekte (wie sein Handy und seine Musik) im Auto und konzentrierte sich während seines Workouts auf die Geräusche der Natur.

Sein achtsames Training wirkte noch positiver auf seine geistige Gesundheit. Die transformativen Ergebnisse sowohl bei Anthony als auch bei Chewy begannen exponentiell zu wachsen. Durch die Freisetzung von Endorphinen gleich am Morgen war Anthony den ganzen Tag über fokussiert und zufrieden. Dadurch konnte er sich sehr gut auf Chewy einstimmen und geduldig mit ihm umgehen (zwei Tugenden eines wahren, entspannten Alphas). Anthony wurde nicht nur zu einem besseren Herrchen für seinen Labrador, es kurbelte auch seinen Stoffwechsel an, gab ihm mehr Energie und beschleunigte seine Gewichtsabnahme.

Chewy profitierte enorm von diesem neuen Schema des achtsamen Trainings am Morgen. Er baute sein Fett ab und entwickelte schlanke Muskeln. Die Beweglichkeit seiner Hinterbeine verbesserte sich, was sein Hüftleiden ausglich und ausheilte. Um mit seinem schnell voranschreitenden Herrchen mithalten zu können, hörte Chewy ganz von selbst auf, den Verlockungen der herrlichen Gerüche des Waldes und der umherflitzenden Eichhörnchen nachzugeben. Der zufriedene Labrador fügte sich dem rhythmischen Tempo, das sein entspannter Alpha Anthony vorgab. Die beiden liefen in Harmonie und ohne Leine. Anthony wusste nicht genau, wie er das seinem Vierbeiner beigebracht hatte, aber er führte es auf die intensivere Verbindung zwischen ihnen beiden zurück. Der andere Grund lag in Anthonys Verhalten als energiegeladener, entspannter Alpha. Wenn ein Anführer zielstrebig marschiert, weiß sein Hund instinktiv, dass er folgen muss.

Durch das Gesetz der Anziehung konnte das Universum die Fülle in alle Bereiche von Anthonys Leben bringen. Seine angenehme Stimmung und seine Begeisterung für Kollegen und Kunden brachten ihm bei der Arbeit eine unerwartete Beförderung ein. Durch seinen Gewichtsverlust und die gesteigerte Vitalität sah Anthony attraktiver aus und fühlte sich auch so. Sein Selbstvertrauen befand sich auf einem Höchststand. Innerhalb weniger Monate zeigte das Gesetz der Anziehung erneut seine Wirkung. Ohne etwas zu erwarten, trat nach seiner Beförderung eine wunderbare neue Liebe in sein Leben, nachdem er mehrere Jahre lang als Single gelebt hatte.

Als Anthonys Gesundheit und Wohlbefinden immer besser wurden, ersetzte ein Gefühl der Dankbarkeit und des Vertrauens auf natürliche Weise die alten Programmierungen von Angst und Sorge. Anthonys tiefe Präsenz und Klarheit ließen ihn zu einem erfolgreichen, entspannten Alpha gedeihen. Chewy liebte die neue Ausstrahlung seines Herrchens und verwandelte sich mit der Zeit in einen stoischen, gutmütigen Hund – die Art, die kein Training benötigt und sich einfach (meistens) ruhig verhält. Bei dieser Transformationsarbeit geht es nicht darum, das Verhalten deines Hundes zu korrigieren; es geht vielmehr um die Entwicklung deiner eigenen Persönlichkeit, deiner Lebensweisheit und um ein Leben in Harmonie mit dem Kosmos. Wenn du den Weg des entspannten Alphas gehst, kann das Gesetz der Anziehung wunderbare Segnungen in dein Leben bringen, wie es bei Anthony der Fall war.

Trainingstipps

Das Wohlbefinden deines Hundes

1. Ernähre dich und deinen Hund mit aufbauenden Lebensmitteln

2. Eine Ernährung mit rohem Fleisch ist optimal für die Gesundheit deines Hundes. Sie hält die Zähne weiß und das Fell strahlend. Sie reduziert auch Lipome, die durch die typischen Konservierungsstoffe im Trockenfutter verursacht werden können. Man erhält diese Nahrung in den meisten Tierhandlungen oder stellt sie selbst her.

3. Wie wir uns fühlen und verhalten, wirkt sich auf die Gefühle und das Verhalten unseres Hundes aus.

4. Wir fühlen uns besser, wenn wir angenehme Emotionen kultivieren. Wenn wir uns nur zwanzig Sekunden darauf konzentrieren, ändert sich bereits unsere Stimmungslage.

5. Vor deiner Meditation am Morgen schreibe eine Liste von Dingen, die dir ein wohliges Gefühl vermitteln. Koste diese Gefühle so lange wie möglich aus. Deine Meditation wird zu einem tiefgreifenden Erlebnis werden.

6. Das Gesetz der Anziehung ist niemals unwirksam. Maximiere seine Wirkung absichtlich. Erhöhe deine Schwingung, indem du Zeit mit deinem gut gelaunten Hund verbringst. Gehe mit ihm in die Natur und lasse dein Handy zu Hause. Das verstärkt deine Schwingung und ermöglicht dir, das Gesetz der Anziehung zu nutzen.

Wenn du klar, selbstbewusst, gesund und voller Kraft bist, kannst du auf natürliche Weise mit Achtung und Liebe kommandieren. Ein Hund wünscht sich das von seinem Herrchen oder Frauchen und wird sich entsprechend gelassen und stoisch verhalten. Das ist die natürliche Beziehung zwischen dem Menschen und seinem Hund. Du bist kurz davor, sie zu verwirklichen.

Meditation

Manifestieren

Suche dir eine bequeme Position, entweder flach auf dem Rücken liegend oder im Schneidersitz auf dem Boden oder liegend im Bett. Wähle eine ruhige Umgebung ohne Ablenkungen. Lasse deinen Körper in eine bewusste Stille sinken. Richte deine Aufmerksamkeit auf deinen natürlichen Atemrhythmus und beobachte ihn einfach. Begrüße deinen Atemzyklus im Geist: Sage leise „Hallo" beim Einatmen, „Hallo" in der Pause zwischen Ein- und Ausatmen und „Hallo" beim Ausatmen. Setze diesen Rhythmus mehrere Minuten lang fort, bis sich deine Energie verändert. Einen freundlichen inneren Kommentar zu dieser Begrüßungsübung abzugeben wird deine Stimmung erhellen. Denn dieser Gedanke erzeugt eine liebevolle Frequenz.

Sobald sich dein Geist beruhigt hat, erhöhe deine Schwingung weiter mithilfe deiner Vorstellungskraft und verwandle deine Emotion in etwas Angenehmes.

Stelle dir vor, wie du dich vor einem wunderschönen Kamin entspannst. Höre das Knistern des Feuers, spüre die Wärme auf deiner Haut und rieche den Duft des Rauches.

Visualisiere die Menschen, die du sehr liebst. Stelle sie dir einzeln vor, wie sie hinter dir stehen. Sieh dich vor dem Kamin ausruhen, zusammen mit deinen Liebsten in der gleichen Szene. Achte auf die Personen, bei denen du dich geborgen und wohl fühlst. Schwelge in diesen Gefühlen, die der Gedanke an jede Person auslöst. Kein Grund zur Eile beim Durchgehen der Liste von Personen. Vielmehr soll die gesamte Übung eine Dynamik positiver Gefühle auslösen. Das ist alles. Versuche dein Bestes, um das angenehme Gefühl aufrechtzuerhalten, und richte deine Gedanken weiterhin auf positive Gefühle.

Nachdem du die Visualisierung mit dem Kaminfeuer und den geliebten Menschen, die hinter dir stehen, durchgespielt hast, atme einfach weiter und beende diese gedankliche Reise. Atme auf natürliche Weise und genieße die angenehmen Gefühle, die du hervorgerufen hast. Unsere Gedanken und Emotionen sind einfach nur Schwingungen. Das Gesetz der Anziehung besagt: „Gleiche Schwingung zieht gleiche Schwingung an." Das heißt, die Erfahrungen und die materiellen Dinge, die du dir wünschst und die in dir ein gutes Gefühl auslösen, werden bald in dein Leben treten.

Durch Meditation, Gedanken und emotionaler Intelligenz veränderst du deine Energie. Du wirst zu einem energetischen Magneten, der Positives anzieht. Das Geheimnis liegt darin, sich außerordentlich klar über die Dinge zu werden, die man in seinem Leben haben will. Denn sobald du deine Wünsche kennst und eine höhere Schwingung aufrechterhältst, wird die magische Qualität des Lebens erweckt. Mach dich bereit, du wirst bald alles erhalten, was du dir jemals gewünscht hast: Gesundheit, Liebe, Reichtum und den wertvollsten Schatz von allen, den inneren Frieden.

11

Adoption

Vertrauen gewinnen und das Herz öffnen

Nikki und Rikki trafen sich vor sieben Jahren bei der Pride Week auf Rhode Island. Es war die magnetische Energie ihrer dreijährigen Bulldoggen, die das schüchterne Paar zusammenbrachte. Nikki, eine Profi-Sportlerin, leitete mehrere Fitnessclubs an der Ostküste. Rikki, Pilates-Trainerin und Life Coach, unterrichtete an verschiedenen Studios in der Umgebung. Zufälligerweise besaß die eine Frau eine englische Bulldogge namens Thelma und die andere eine amerikanische Bulldogge namens Louise.

Im Laufe der Jahre spielten, kuschelten und sabberten Thelma und Louise sich gegenseitig an. Sie teilten mit einer besonderen Liebe wohlwollend die Ressourcen (ihre Frauchen) und das Territorium (ein Kingsize-Bett). Das viele Rohfutter, die Glucosamine, das Reiki und CBD-Öl ließen die Bulldoggen über ihre Jahre hinaus anmutig altern. Dennoch näherten sie sich schnell dem Ende ihres Weges.

Als Nikki und Rikki über ihre Zukunft sinnierten, konnten sich beide kein Leben ohne Hund vorstellen. Das Paar beschloss, einen Jungspund zu adoptieren. Sie ahnten, dass der Elan eines Welpen den Bulldoggen neue Energie einhauchen würde.

Weisheit, Zurückhaltung und das Gesetz der Anziehung

Als Hundebesitzer solltest du dir einiges überlegen, bevor du dir einen neuen vierbeinigen Begleiter zulegst. Beispielsweise: Welche Art von Lebensstil bevorzugst du (aktiv oder entspannt)? Hast du dich über verschiedene Rassen und ihre Eigenschaften informiert? Kannst du dir die zusätzlichen Kosten für Futter, tierärztliche Untersuchungen und Anschaffungen aus der Tierhandlung leisten? Wie aufwendig und wie häufig wird die Pflege des Hundes sein? Und letztendlich, ist es dein Wunsch, einen neuen Hund zu trainieren, zu erziehen und in deinen Haushalt zu integrieren?

Nikki, Rikki und ich besprachen diese Themen kürzlich in einer Telefonkonferenz. Doch als sie mir ihren nächsten Schritt mitteilten, bekam ich eine Gänsehaut. Sie wollten die Kraft des Gesetzes der Anziehung austesten und es dem Universum überlassen, ihnen den perfekten Hund zu liefern.

Der perfekte Hund wartet auf dich

Nikki und Rikki schalteten Inserate auf verschiedenen lokalen Kleinanzeigen-Plattformen und warteten geduldig. Wenn es den perfekten Hund dort draußen gäbe, würden sie früher oder später intuitiv zu ihm geführt werden. Davon waren sie überzeugt. Das Paar wünschte sich einen kleinen Hund, der zu ihrem Lebensstil in den nächsten zehn Jahren passen würde. Um eine gute Partie anzuziehen, stellten sie sich vor, mit ihm zu reisen, ihn in die Hotels mit hereinzuschmuggeln und ihn sogar in ihre Fitnessstudios mitzunehmen. Nikki ging so weit, sich ihren zukünftigen kleinen haarigen Guru in einem dieser modischen Rucksäcke vorzustellen, die sich gleichzeitig in funktionale Hundeboxen umwandeln lassen. Erwähnenswert ist, dass diese Visualisierungen bei beiden ein wunderbares Gefühl auslösten. Das beschleunigte den Manifestationsprozess.

Durch ihre jahrelange Meditationspraxis hatten Nikki und Rikki eine unvorstellbare Kraft entwickelt, ihren Fokus zu halten. Zusammen mit ihrer Vorstellungskraft kommunizierten sie auf diese Weise absichtlich mit dem Universum. Denke daran: Deine gegenwärtigen Gedanken und Gefühle erzeugen das Signal, das die Anziehung auslöst! Zufälligerweise sind das dieselben Zutaten, die dich durch die Anwendung der Geheimsprache der Hunde zu einem erfolgreichen Kommunikator machen. Was du in jedem einzelnen Augenblick denkst und fühlst, ist die Frequenz, auf der das Universum (und dein Hund) unablässig antwortet.

Ich treffe viele interessante Menschen, aber dieses Paar war wirklich meisterhaft darin, das Denken als Schöpfungsakt einzusetzen. Sie waren überzeugt, wenn sie ihre Präsenz aufrechterhalten und ihren Flow-Zustand maximieren könnten, würden sie sicherlich den perfekten Vierbeiner für ihren Lebensstil manifestieren. Und die letzte Zutat sei Vertrauen in das Universum, meinten sie.

Ich kicherte und erinnerte sie daran, wenn sie dieses Niveau an Präsenz beim Abholen des Welpen aufrechterhielten, dann wäre die Integration in ihr Rudel ein Kinderspiel. Ich war sowohl begeistert als auch neugierig, wie sich dieses Abenteuer entwickelte. Würde das Universum ihnen einen himmlischen Gefährten liefern?

Die Vergangenheit loslassen

Einige Wochen später erhielt Nikki um elf Uhr elf eine E-Mail. Sie hatte die unerschütterliche Ahnung, dass das Universum gerade ihre Bitte erfüllt hatte. Sie leitete die E-Mail an mich weiter, damit ich einen Blick darauf werfen konnte. Die Nachricht stammte von einem älteren Mann, der in einem Apartment im Hafenviertel lebte. Er war geradeheraus und teilte mit, dass er an Ischias und Depressionen leide. Er schrieb, dass sein Yorkeshireterrier Tiny Tim seit fast einem Jahr extrem vernachlässigt worden sei.

Ich schaute mir sein Bild genau an. Tiny Tim war ein zwölf Monate alter, spielzeuggroßer Yorkie. Sein Fell war fettig, verfilzt und verknotet. Seine Augen waren verklebt mit verhärtetem schwarzem Schleim, der unbedingt entfernt werden musste. Es war unvorstellbar für mich, wie Tiny Tim mit diesen Krallen überhaupt laufen konnte, sie waren so lang, dass sie sich im Kreis bogen. Ich atmete durch und dachte, dass es sich hier nicht wirklich um ein ernsthaftes Problem handelte. Ein anständiger Hundefriseur könnte ihn innerhalb weniger Stunden wieder herrichten, und keiner würde sich an Tiny Tims Vergangenheit erinnern.

Wichtig dabei ist, dass sich keine Gefühle des Mitleids oder irgendwelche negativen Bewertungen über das frühere Leben des adoptierten Hundes in deinem Kopf festsetzen. Passiert es dennoch, dann beschäftige dich nur kurz damit. Frage dich, warum du Mitleid mit einem Hund wie Tiny Tim empfindest, denke jedoch nicht länger als drei Minuten über dieses Thema nach. Psychologisch entwickeln solche Geschichten eine Eigendynamik. Diese führt dich in einen toxischen Zustand, in dem du deine Präsenz verlierst. Das wiederum verschlechtert deine Stimmung. Vergiss nicht, in der Geheimsprache der Hunde sind es die Gefühle, durch die alles kommuniziert wird. Wenn wir Mitleid haben oder wütend sind, reagieren unsere Hunde ebenso besorgt, nervös oder zurückhaltend. Deshalb ist es ratsam, solch eine Ausstrahlung zu vermeiden, wenn wir ihr Vertrauen gewinnen wollen, oder?

Die Kunst, Raum zu gewähren

Nikki und Rikki holten mich vom Flughafen ab, und wir fuhren direkt zur Wohnung des alten Mannes, um ihren neuen Vierbeiner abzuholen. Der Enthusiasmus des Paares, gleichzeitig gelassen und bodenständig, war sehr ansteckend. Beide Frauen waren früher als sonst aufgestanden, um zu meditieren und die harmonische Aufnahme des neuen Welpen in ihrem Rudel zu visualisieren. Sie gingen mit Thelma und Louise auf einen längeren Spaziergang in der Natur, um sie auszupowern, damit sie beim Alleinsein zu Hause keine Angst entwickelten. Auf meinen Rat hin kamen beide Bulldoggen in ihre Hundeboxen, bis wir mit Tiny Tim eintrafen. Ich versicherte ihnen, dass die Bulldoggen in eine zeitlose Welle der Entspannung abdriften würden, was ohne Zweifel die Integrationsphase später am Nachmittag beschleunigen würde.

Wir verbrachten so wenig Zeit wie möglich in der Wohnung des alten Mannes. Wir erledigten den Papierkram, tauschten einige Höflichkeiten aus und gingen. Tiny Tim zitterte nervös, als wir nach Hause fuhren. Anstatt ihn zu halten oder zu verhätscheln, damit er sich beruhigte, schlug ich vor, ihn zwischen Rikkis Füßen auf den Boden zu legen. Dies ist die schützende Körperhaltung, die in Abbildung 15 am Ende dieses Abschnitts näher erläutert wird. Welpen positionieren sich auf natürliche Weise so hinter ihrer Mutter, um sich sicher zu fühlen. Unser Verhalten und unser Schweigen erlaubten dem Yorkie, die Situation selbst zu verarbeiten. Schließlich beruhigte sich Tiny Tim und schmiegte sich an Rikkis Fußgelenk. Genau in diesem Moment empfahl ich ihr, ihn hochzuheben und in ihren Schoß zu legen. Die Liebe wirkt immer am besten, wenn es darum geht, einen Hund auf unterschiedliche Art zu loben.

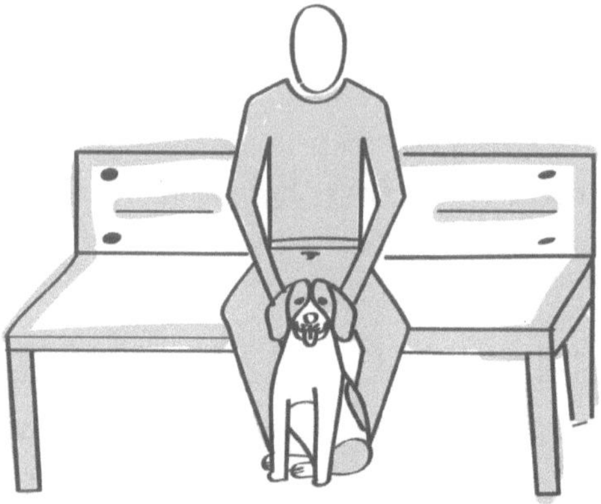

Abbildung 15: Die schützende Körperhaltung im Sitzen

Wir können mit unserer Körpersprache sogar im Sitzen einem Hund das Gefühl der Sicherheit vermitteln, damit er sich beruhigt und entspannt. Alternativ kann dieselbe Position auch zur Beschwichtigung irgendeiner Angst oder Aufregung beim Hund durch äußere Ablenkungen genutzt werden. Dazu gehört zum Beispiel eine Gruppe von lebhaften Eichhörnchen.

Wenn wir unseren Vierbeiner zwischen unsere Beine platzieren, erzeugen wir tatsächlich einen physischen und energetischen Schutzwall um seinen Körper herum. Durch diese Position entsteht eine kleine „Hundehöhle", in die er sich zurückziehen und in der er sich entspannen kann. Es ist zugleich eine hervorragende Position, um mit deinem Haustier zu meditieren, denn allein deine Absicht, diese schützende Körperhaltung einzunehmen, erzeugt in dir ein Gefühl der Ausgeglichenheit.

Die Integrationsphase beschleunigen

Ich war mir nicht sicher, wie Tiny Tim beim Kennenlernen auf Thelma und Louise reagieren würde. Er wog im nassen Zustand vermutlich nur etwas mehr als zwei Kilo. Beide Bulldoggen, zumindest in jüngeren Jahren, hätten ihn bei Verlangen als Snack verspeisen können. Ich war mir jedoch sicher, der Yorkie würde sich viel wohler (und sicherer) fühlen, wenn sich Thelma und Louise bei ihrer ersten Begegnung gelassen und gefügig zeigten.

Als wir nach etwa einer halben Stunde bei ihnen zu Hause ankamen, waren wir glücklicherweise gut gerüstet für eine erfolgreiche Integration. Wir gingen schweigend hinein, schauten die Bulldoggen weder an noch nahmen wir ihre Gegenwart wahr. Alphas würden so etwas sowieso nicht tun. Durch meinen Vorschlag, Decken zu drei Viertel über die Seiten der Hundeboxen zu drapieren, waren dort im Ergebnis zwei friedliche Bulldoggen, die mit der Schnauze auf dem Boden lagen. Hunde wollen von ihren Hundeboxen aus beobachten können und das sehen, was sie riechen. Die Decken über den Hundeboxen sollten sie dazu bewegen, ihren Bauch auf den Boden zu legen.

Nikki und Rikki spürten eine gewisse Neugier in Tiny Tim brodeln. Sie wollten ihn auf Entdeckungsreise gehen lassen. Ich riet davon ab. Wir mussten als Erstes allen Hunden im Rudel mit unserem Verhalten deutlich machen, dass dies das Revier des entspannten Alphas war. Ich regte Nikki dazu an, Tiny Tims Leine an den Küchenstuhl zu binden und ihm etwas Raum zur Verarbeitung der Situation zu geben. Wie vorherzusehen, begann er an der Leine zu zerren und leise zu winseln. Was anschließend geschah, war die wundersame Manifestation der Wünsche meiner Kundinnen.

Die Bulldoggen spürten Tiny Tims Angst und boten ihm einige tröstende Signale an. Sie begannen zu gähnen und leckten ihre Schnauze, damit er sich entspannen konnte. Der Yorkie nahm diese subtilen Beruhigungssignale in seinem peripheren Blickfeld wahr und fing als soziale Reaktion auf das Rudel selbst an zu gähnen. Wenig später leitete er seine eigene Sequenz der Unterordnung ein und setzte sich hin, um den Zug an der Leine aufzulösen. Nikki, Rikki und ich lobten ihn ruhig, schwiegen aber weiterhin. Wir positionierten uns alle sechs im Raum in einem Halbkreis, der Form der Integration.

Tiny Tim stieß ein hohes Gähnen mit einem Quietschgeräusch aus und legte sich hin. Sein Kinn legte er auf seine extrakleinen entzückenden Vorderpfötchen ab. Nachdem er seinen Bauch mit mehreren beruhigenden Atemzügen gefüllt hatte, schnaubte er den letzten Rest Widerstand aus sich heraus. Er leckte seine Schnauze, um sicherzustellen, dass die Bulldoggen seinen zufälligen Blickkontakt nicht als streitfreudig auffassten. Thelma und Louise blinzelten ihm zu (offensichtlich bevorzugten sie das trägste Beruhigungssignal überhaupt). Genau auf diesen Moment hatte ich gewartet! Das Kommunikationsnetz zwischen den Hunden entspann sich und eine Bindung fand statt – ganz zu schweigen von der ungemein ruhigen Ausstrahlung.

Jetzt war der Zeitpunkt gekommen, die Hunde frei miteinander umgehen zu lassen. Ich öffnete die Türen der Hundeboxen, während Rikki Tiny Tim von der Leine nahm. Als Thelma und Louise gelassen zu den beiden Frauen liefen, schienen sie den Welpen völlig zu ignorieren. Ich erklärte meinen Kundinnen, dass ihre haarigen Gurus dies absichtlich taten. Hunde begrüßen sich, indem sie an ihren Hinterteilen schnüffeln. Den kleinen, jüngeren Hund gerade von hinten an sich heranzulassen ist ein bewusstes Zeichen der Verwundbarkeit. Thelma und Louise wollten Tiny Tim zeigen, dass er sich in ihrem zu Hause wohlfühlen darf!

Wir saßen noch etwa eine Stunde in der Küche zusammen, bevor ich nach Hause musste. Für den letzten Schliff schlug ich ein kleines Futterritual vor, um den Bindungsprozess abzurunden. Aus meiner Tasche zog ich drei geräucherte Sardinen als Leckerlis hervor. Ich ließ Rikki sie in einen Fressnapf legen und sie als ihr Eigentum beanspruchen, indem sie sich in der Position des Besitzanspruches über den Napf stellte. Die Bulldoggen wichen mit ihrem Hinterteil zurück und legten sich hin, während Tiny Tim aufgeregt um sie herumtanzte. Thelma schaute den Yorkie an und gähnte. Sie wollte ihm sagen, dass hier keiner frisst, bevor nicht alle ruhig sind. Tiny Tim zögerte keinen Augenblick, seiner großen Schwester zu gehorchen, und legte sich einige Zentimeter hinter Thelma. Wir lobten das gesamte Rudel und verfütterten die Leckerlis alle mit der Hand.

Transformation

An einem Sonntagmorgen, einige Wochen nach unserem Training, erhielt ich eine kurz Videonachricht von Nikki und Rikki. Das Paar und ihr Rudel lagen gemütlich auf dem Kingsize-Bett. Ich konnte die Golden Girls am Fußende der Matratze schnarchen hören. Zuerst sah ich Tiny Tim nirgendwo, entdeckte ihn dann zusammengerollt auf Thelmas Bauch. Sein Kopf ruhte auf ihrem Oberschenkel, und er hatte eine neue Igelfrisur. Ich erkannte ihn kaum wieder mit seinem knallroten Halsband und einer Schleife!

„Wir brauchten Tiny Tim kaum etwas beizubringen", erklärte Rikki. „Struktur, Wiederholungen und Stille war an den ersten beiden Tagen unser Mantra. Dann haben wir einfach aufgehört, irgendetwas zu versuchen, weil er so gelehrig ist! Wir wussten, dass Thelma und Louise das meiste Training für uns machen würden. Wir haben die Essenszeiten vereinfacht. Alle Hunde essen zur gleichen Zeit aus getrennten Fressnäpfen. Und kein Hund fängt an zu fressen, bevor nicht alle liegen. Tiny Tim weiß bereits, dass er als Letzter an der Reihe ist. Er wartet etwa zehn Zentimeter hinter den Bulldoggen und schaut sich alles von ihnen ab. Es ist so entzückend. Er ist raffiniert und schlau, und wir lieben es, wie er sich für einen großen Macker hält, wenn er mit Thelma oder Louise kämpfen will. Natürlich haben sie nie eine Pfote gerührt, aber wir sind sicher, sie finden ihn genauso amüsant wie wir."

Trainingstipps

Hunde aus dem Tierschutz

1. Gib deinem adoptierten Hund den Raum und die Ruhe, um sich an deine Umgebung zu gewöhnen. Denke daran, dass dies einer der größten Liebesbeweise ist, die du geben kannst.

2. Sei dir deines gegenwärtigen emotionalen Zustandes und deiner Motivation bewusst, wenn du einen Hund adoptierst. Wenn du damit eine innere Leere füllen willst, die vielleicht durch Trauer, Einsamkeit oder Unzufriedenheit entstanden ist, bemühe dich darum, diese Gefühle beim Umgang mit dem Hund bewusst zu spüren.

3. Beschleunige die Eingewöhnungsphase, indem du einen einfühlsamen und dennoch bestimmenden ersten Eindruck eines entspannten Alphas abgibst. Zeige gleich zu Beginn und wiederholt, dass du die Kontrolle über die Ressourcen und das Territorium hast.

4. Signalisiere deinen Besitzanspruch bei den Leckerlis, beim Futter und beim Spielzeug deines Hundes, bis er die Sequenz der Unterordnung verinnerlicht hat. Damit stellst du sicher, dass dein Hund deine Autorität auch in anderen Bereichen respektieren wird.

5. Entwickle ein klares Programm für Pinkelpausen, Übungen am Morgen, Trainings- und Fütterungszeiten. Dies hilft deinem Hund besser einzuschätzen, wie sich sein Tag gestaltet.

6. Lege ein klar definiertes Revier für deinen neuen Hund fest, in dem er sich bewegen, fressen und schlafen darf. Sobald er sich an diese Grundregeln gewöhnt und dein Vertrauen gewonnen hat, kannst du das Revier natürlich erweitern.

Meditation

Vertrauen durch Berührung aufbauen

Für diese Meditation benötigst du zwei Leinen, eine Bürste, eine Nagelfeile und beruhigende Musik für deinen Vierbeiner, beispielsweise Naturgeräusche oder binaurale Beats. Setze dich entspannt hin in einen ruhigen Raum mit den Arbeitsmitteln und deinem Hund neben dir.

Mach zehn bewusste Atemzüge. Leine deinen Hund an und binde ihn an etwas fest, das vor ihm steht. Bilde ein Lasso mit der zweiten Leine und lege es um sein Hinterteil. Binde das Lasso an einen weiteren Gegenstand hinter ihm fest. Diese sanfte Einschränkung hält deinen haarigen Guru ruhig und sicher am Platz. Jetzt beginnt die Arbeitsmeditation, in der du deinen Hund mit Liebe pflegst.

Gleite mit den Händen sanft über den Körper deines Hundes. Taste aufmerksam nach irgendwelchen Beulen, Knoten, Zecken oder Verletzungen. Konzentriere dich auf seinen Atem und seine Reaktionen auf deine Berührungen. Wenn er etwas genießt, gib ihm mehr davon. Wenn er sich erschreckt oder sein Gesicht verzieht, nimm es wahr und gib der verletzten Stelle oder dem Schmerz Raum, um das Vertrauen deines Hundes zu gewinnen.

Als Nächstes bewege sanft sein Hinterbein und hebe seine Pfote vollständig vom Boden ab. Fordere deinen Hund auf, dir zu vertrauen und das Gewicht seiner Pfote in deine Hand abzulegen. Atme entspannt weiter. Feile dann vorsichtig seine Krallen. Wiederhole dies bei jedem Bein. Bleibe ruhig und strahle Gelassenheit aus. Fixiere dich nicht auf das eigentliche Ergebnis der Pediküre. Achtet nur darauf, dass dein Hund ruhig und entspannt bleibt. Das ist dein Fokus. Dein Haustier mit Achtsamkeit zu pflegen wird ihm beibringen, diese Verbundenheit mit dir zu lieben. Die Hundepflege ist schließlich eines seiner Grundbedürfnisse.

Zum Abschluss dieser Arbeitsmeditation setze deine nicht dominante Hand ein, um das Deckhaar nach oben zu schieben und das Unterfell sanft auszubürsten. Dadurch erreichen die Borsten die Haut des Hundes und entfernen die unerwünschte Unterwolle. Arbeite dich systematisch an seinem Körper entlang. Mache Pausen, wenn dein Hund gestresst ist. Beende die Arbeit immer mit einer positiven Ausrichtung.

Schließe das Ritual ab mit einem dicken Lob für deinen Hund und streichle ihn ruhig und liebevoll. Reinige das Werkzeug und räume es gut weg, damit es für das nächste Mal griffbereit ist. Dies ist der Weg eines entspannten Alphas.

12

Wie die Weisen ihre Hunde füttern

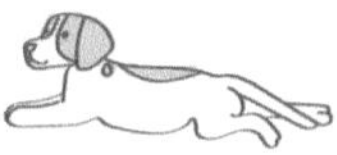

Es war noch dunkel draußen, und Maddie wollte wieder einschlafen. Sie hörte auf das Geräusch des Regens, der auf das Dach prasselte. Sie hoffte, dadurch wieder entspannen zu können. Leider dauerte ihr Versuch nur einen Augenblick, bevor sie den Fokus verlor. Jetzt überlegte sie, ob es an der Zeit war, den Mops ihrer Cousine für sein Morgengeschäft auszuführen. Maddie warf einen Blick auf das Kissen neben ihr und seufzte gereizt. Da war er schon wieder! Frustration machte sich in ihr breit. Wie hatte er sich nur ins Bett geschlichen, ohne dass sie es bemerkt hatte? Kein Wunder, dass sie so früh aufgewacht war. Die Wärme, die sein Körper ausstrahlte, war intensiv, aber seine Blähungen während der Nacht waren noch schlimmer. *Das kann nicht normal sein*, dachte sie.

Plötzlich beherrschten negative Gefühle in Bezug auf Kobe ihre Gedanken. *Sei liebevoll*, sagte sie sich und machte einen tiefen Atemzug. *Er ist (manchmal) bezaubernd und ein wunderbarer Kuschler*, überlegte sie. Vielleicht würde sie ihn liebenswert finden, wenn sie nicht immer noch vom Vortag wütend auf ihn wäre.

Es war erst der dritte Tag, und sie hatte sich mit ihrem Angebot, das Haus zu hüten, anscheinend zu viel zugemutet. Gestern hatte Kobe den Schrank geöffnet, eine große Tüte Doritos mit Ketchup-Geschmack herausgezogen und wie ein Rockstar die Speisekammer verwüstet. Am Tag zuvor stand er auf der Küchentheke und fixierte Maddie. Der dreiste Mops hatte sich über ihr frisches Baguette und den Aufschnitt hergemacht. Sie hatte es kurz zuvor abgestellt, um sich im Badezimmer die Hände zu waschen.

Maddie war nicht gewillt, noch mehr von seinen Streichen zu tolerieren, und suchte im Internet nach Lösungen. Sie stieß auf meine Facebook-Seite und war von einem meiner Beiträge angetan: „Kontrolliere die Ressourcen, um deinen Hund zu kontrollieren". Wie es der Zufall wollte, befand ich mich bereits an der Westküste und legte gerne einen Zwischenstopp in Seattle ein, um ihr mit Kobe zu helfen.

Die Notwendigkeit bewusster Fütterung

Das einstöckige Strandhaus von Maddies Cousine sah von außen gemütlich aus, der Rauch stieg aus dem Schornstein, und ich konnte den Geruch von trockenem Zedernholz riechen, das drinnen brannte. Zwei Mopsaugen verfolgten jeden meiner Schritte, als ich näherkam. Ich grinste, denn Kobe schien sein Territorium von der Couch aus zu verteidigen. Oben auf der Couch sah er schön träge und entspannt aus. Das gefiel mir. Bis jetzt schien er mir ein perfekter Hund zu sein. Wenn er sich auch nur beim Essen so benähme, dann wären wir startklar.

Maddie begrüßte mich an der Tür, und wir fingen direkt mit dem Unterricht an. Sie wunderte sich, wie Kobe so frech wurde, und wollte von mir wissen, ob man sein Verhalten umwandeln könnte.

Was den Wandel bei Kobe betrifft, war ich optimistisch, dass dieser rasch zu erreichen wäre. Durch die Tatsache, dass Maddie erst seit drei Tagen mit ihm lebte, hatte sie einen enormen Vorteil gegenüber anderen Menschen in ähnlichen Situationen. Kobe war kein Spiegelbild von ihr, sondern ein Produkt des Lebensstils ihrer Cousine. Sobald Maddie etwas Kontrolle über die Ressourcen in ihrem Territorium zeigte, war ich davon überzeugt, dass Kobe auf natürliche Weise gehorsam und gelassen werden würde. Für ihn ginge es lediglich darum, die Grenzen und Erwartungen zu verstehen, die sein neues Frauchen vermittelte. Hunde leben im Hier und Jetzt und sind in der Lage, sich sofort zu wandeln. Das ist es, was sie zu unseren haarigen Gurus macht.

Zu Maddies Frage über Kobes freches Verhalten war ich der Meinung, dass sich seine schelmische Persönlichkeit eher auf unschuldige Weise entfaltet hatte. Viele Hunde entdecken, wie sie ihre Besitzer dazu manipulieren können, ihnen Fressen zu geben, ohne dass sie es überhaupt bemerken. Es geschieht andauernd, auch wenn wir meinen, wir würden so etwas niemals tun. Wenn du deinen Hund nach seinen anstatt deinen Bedingungen fütterst, merkt er, dass er die Ressourcen kontrolliert. Das bedeutet folglich, dass er die Kontrolle über dich hat. Aus dem Grund fütterst du ihn, wenn er winselt, bellt oder dir am Esstisch diesen unwiderstehlichen „Dackelblick" zuwirft. Das strapaziert natürlich deine entspannte Alpha-Kraft sehr.

Lasse dich nicht so leicht manipulieren

Zum besseren Verständnis, wie clever und manipulativ manche Hunde sein können, erzählte ich Maddie eine Geschichte von einem Golden Retriever, den ich einmal in einem Straßencafé erlebt hatte. Er wanderte von Tisch zu Tisch und blieb vor den Leuten stehen, die Gebäck, Brötchen und andere Leckereien aßen. Ich war erstaunt darüber, wie leicht der Hund erkennen konnte, wer bereit war, sein Essen mit ihm zu teilen und wer nicht. Mir fiel ein, wie einfühlsam Hunde sein können.

Der Golden Retriever machte tatsächlich die Gäste ausfindig, die zufrieden, fröhlich oder entspannt waren. Er setzte sich vor sie hin, ließ ein Lächeln aufblitzen und bot ihnen unaufgefordert seine Pfote zum Schütteln an. Wenn sie diese niedliche und scheinbar unschuldige Geste ignorierten, gab er ein leises Winseln von sich und bewegte seine Pfote energischer, um ihre Aufmerksamkeit zu erhaschen. Zu diesem Zeitpunkt sabberte der Golden Retriever bereits (eine offensichtlich konditionierte Reaktion auf menschliche Nahrung). Erstaunlicherweise wurde er von vielen Menschen nicht nur gefüttert, sondern sie schienen auch Freude daran zu haben. Sie lobten den Hund, machten Fotos von ihm, ohne sich darüber im Klaren zu sein, wie sehr ihr Verhalten den Kreislauf der Manipulation verstärkte.

Maddie musste laut lachen, als ich ihr das erzählte. Sie erinnerte sich, wie sie ihre Cousine beim Füttern von Kobe als Welpen beobachtet hatte. Er bekam alle möglichen menschlichen Nahrungsmittel. Sie war sich ziemlich sicher, dass der Mops nicht mehr wusste, wie richtiges Hundefutter schmeckt. Er bekam gekochte Kartoffeln, Karotten, Hühnchen und Eier zu fressen, weil es im Haus weder Trockenfutter noch einen Hundenapf gab. Maddie fragte sich, ob Kobes schelmisches Verhalten vielleicht zurückzuführen sei auf seine Ernährung, die zu dem Zeitpunkt hauptsächlich aus menschlichen Nahrungsmitteln bestand. Ich war der Meinung, dass es so oder so keine Rolle spielte, abgesehen von einem Mangel an optimalen Nährstoffen für einen Hund und ein paar Blähungen, unter denen Kobe möglicherweise litt.

Der Mythos über menschliche Nahrungsmittel

Wie sich ein Hund zum Futter verhält, spiegelt nicht wider, *was* er frisst, sondern eher, wie er fressen *darf*. Da Hunde kein Deutsch sprechen, wie können sie unterscheiden zwischen Nahrung, die für Menschen hergestellt wird, und der für Hunde gedacht ist?

Hunde machen in dem Fall keinen Unterschied. Normalerweise wollen sie das fressen, was ihre Nase als begehrenswert einstuft. Das erklärt möglicherweise, warum manche Hunde Mülltonen durchwühlen, um Dinge wie gebrauchte Taschentücher oder Intimpflegeprodukte zu fressen oder sogar ständig ihren eigenen Kot verschlingen, obwohl sie davon nur Durchfall bekommen!

Ich will dir hier nicht den Magen umdrehen; ich möchte nur auf ein paar grundlegende Beweggründe bei Hunden hinweisen, damit du zu einem noch besseren entspannten Alpha für deinen Vierbeiner werden kannst. Maddie wurde rot, als ich ihr das erzählte. Es war, als ob ich ihre Gedanken lesen könnte und das große Geheimnis bereits kennte. Es stellte sich heraus, dass Kobe auch zu den Mülltonnen-Fressern gehörte.

Herrschaft über die Ressourcen

Wenn irgendetwas Essbares in Sicht ist, erwartet ein entspannter Alpha von seinem Hund, dass er nur Zuschauer ist. Das bedeutet, der Hund ist ruhig, entspannt und gelassen, weil er weiß, dass er nur mit Erlaubnis fressen darf. Wenn dich dein Hund belagert, weil er etwas von deinem Essen haben will, oder er bereits eine Weile lang bettelt (was eigentlich nur ein Ausdruck übermäßiger Aufregung ist), verstärkt das direkte Eingehen auf ihn nur seine bereits erregte Energie.

„Wird Kobe deshalb noch unausstehlicher, wenn ich ihn anschreie, dass er weggehen soll?", fragte Maddie.

„Natürlich", antwortete ich. „Es gibt eine einfache Methode, ihm beizubringen, dich in Ruhe zu lassen. Du musst ihm nur deutlich machen, dass du niemals mit ihm teilen wirst. Dafür drehst du ihm einfach den Rücken zu und isst in Stille. Jedes Mal, wenn er seine Position verändert, drehst du ihm wieder den Rücken zu. Schließlich wird er sich darin erschöpfen und begreifen, dass er dich nicht mehr manipulieren kann. Dann beginnt bei Kobe die Sequenz der Unterordnung. Warte, bis er seine Schnauze auf dem Boden abgelegt hat, und lobe ihn sanft dafür. Das zeigt Kobe, wie sehr du mit ihm im Einklang bist, obwohl du ihm den Rücken zuwendest."

Lektionen eines opportunistischen Gurus

Ich habe einen besonderen Platz in meinem Herzen für Hunde wie Kobe; sie bieten uns eine Reihe von Lernaufgaben, die es sich lohnt, anzuschauen. Ich konnte Kobe kaum einen Vorwurf dafür machen, dass er sich in ein warmes Bett schleicht oder sich über menschliche Leckerbissen hermacht. Ich konnte auch nichts aussetzen an seinen Problemen mit dem Besitzanspruch, denn sie waren alle auf dem Boden menschlicher Naivität gewachsen. So wie Kobe denkt, wurde ihm der Aufschnitt auf der Küchentheke vom Himmel geschickt ... okay, vielleicht kann man darüber streiten, aber Kobe tat so, als wäre das der Fall. Darauf möchte ich kurz eingehen.

Zur Erinnerung: Das Universum erfüllt immer unsere Wünsche. Es will uns das liefern, was wir haben wollen. Die Frage ist nur: Erkennst du deine Manifestationen, wenn sie da sind, oder zögerst du, sie anzunehmen? Fragst du dich, ob du sie verdient hast, oder sabotierst du dich selbst mit Gedanken des Selbstzweifels?

Empfindungen wie „Das ist zu schön, um wahr zu sein" sind in unserer Kultur häufig vorherrschend. Diese Glaubenssätze basieren nämlich auf Angst und holen uns heraus aus dem Flow-Zustand (dort, wo ein entspannter Alpha immer sein will). Wichtig ist es, an Folgendes zu denken: Von Natur aus zögern Alphas nie, sie fühlen sich auch nicht schuldig. Wenn sie es doch tun, verlieren sie ihre ganze Kraft. Lasse diesen Gedanken einmal auf dich wirken.

Ein Wort zum Hundefutter

Viele meiner Kunden sind unsicher und besorgt, was sie ihrem Vierbeiner füttern sollen, wann und wie viel er zu essen bekommen soll. Manche Hundebesitzer suchen nach Rezepten im Internet und kochen für ihre Hunde. Andere kaufen beim Metzger rohes Fleisch. Wieder andere haben alle möglichen Arten von Trockenfutter. Manche enthalten Körner, manche nicht. Einige enthalten ein paar Proteine vom Fisch oder Huhn, andere eher exotische Dinge wie Bison oder Känguru. Es gibt auch Hundefutter, das uns „Tiermediziner empfehlen". Sie gaukeln uns vor, dass unser Hund Trockennahrung in einer bestimmten Form oder Größe fressen sollte, abhängig von der Rasse. Oder die Tiermedizin versucht dir weiszumachen, dass dein Hund nur mit ihrem medikamentös behandeltem Dosenfutter gedeihen kann.

Bei einer derart großen Auswahl heutzutage kann das Angebot für Hundebesitzer ziemlich überwältigend sein. Die Heimtierbranche verzeichnet nach der Pharmaindustrie die zweithöchsten Gewinnspannen (was meinst du, wer die Tierärzte mit ihrem Futter beliefert?). Bei der Vermarktung setzen sie Hundebesitzer unter Druck, weil sich Angst als die beste Marketingstrategie erwiesen hat – große Unternehmen profitieren von der Tatsache, dass deine Bedürfnisse ernsthaft motiviert sind.

Menschen wollen ihr Bestes geben. In diesem Zusammenhang möchte ich euch Leser daran erinnern, dass es Hundefutter, wie ihr es heute kennt, vor hundert Jahren noch gar nicht gab. Deinen Hund dreimal am Tag zu füttern, so wie dich selbst, ist ebenso eine Idee des Marketings. Wenn wir glauben, das sei die beste Art zu essen, sind es nur die Großkonzerne, die dabei gewinnen, wenn wir diesen Weg gehen. Am Ende konsumieren wir mehr, als wir benötigen.

Der wichtigste Punkt ist, dass Angst und Sorge über die Art und Weise, wie und wann du deinen Hund füttern sollst, nur deine entspannte Alpha-Kraft schwächt. Und das können wir nicht zulassen. Bei diesem Thema gibt es tatsächlich kein Richtig oder Falsch. Was und wie oft auch immer du dein Hündchen fütterst, tue es einfach in Ruhe. Stelle sein Futter in einen sauberen Napf auf den Boden. Beanspruche es zunächst als deinen Besitz, bis sich dein Hund vollständig unterordnet. Um ein entspannter Alpha zu sein, brauchst du nicht mehr zu tun. Mache dir keine Gedanken über die anderen Dinge.

Transformation

Eine Woche später kehrte ich zu Maddies Häuschen zurück und brachte Mittagessen für uns beide mit. Ich wollte aus erster Hand sehen, wie Kobe auf Essen reagiert. Auch wenn er unsere Thunfischbrötchen riechen konnte, war ich angenehm überrascht zu sehen, wie er oben auf seiner Couch sitzen blieb, ohne mit einen Muskel zu zucken.

„Oh, mach dir keine Sorgen um ihn", sagte Maddie. Ich habe ihn drei Tage lang komplett ignoriert. Irgendwann erkannte er, dass ich nie wieder mit ihm teilen werde. Ich habe sogar Kindersicherungen an die Schränke angebracht und bringe den Müll in die Garage. Ich bin jetzt hier der absolute Boss in diesem Territorium", grinste Maddie mich an. „Warum setzt du dich nicht zu Kobe, während ich für uns auftische?"

„Ich habe Kobe hochwertiges Futter aus der Tierhandlung besorgt", fuhr Maddie fort, während sie seinen Napf füllte und ihn neben ihre Brötchen auf die Küchentheke stellte. „Okay, Jungs, ihr könnt jetzt zu Tisch kommen", befahl sie uns sanft.

Bei dieser Ansage sprang Kobe herunter und trottete gehorsam in die Küche. Ich war gespannt und folgte leise.

Maddie stellte seinen Napf auf den Boden und sagte zu ihm: „Warte." Als Maddie und ich uns hingesetzt hatten, sagte sie zu Kobe: „Jetzt." Als er zu fressen begann, nahm Maddie einen Bissen und warf mir einen komischen Blick zu. „Worauf wartest du noch? Hau rein. Ein Rudel sollte gemeinsam essen." Ich lachte und nahm einen Bissen.

„Ich hatte keine Vorstellung davon, dass Kobe so ein guter Junge sein kann, Jesse. Vielleicht lasse ich ihn heute Nacht in mein Bett." Ich sah, wie Maddie lächelte, als sie zu Kobe herüberschaute, um sich zu vergewissern, dass er auch brav war. Das war er tatsächlich.

Trainingstipps

Deinen Hund füttern

1. Wenn du dir nicht sicher bist, was du deinen Hund füttern sollst, koche nicht für ihn. Probiere Verschiedenes aus, das zu deinem Budget passt und deinem Hund schmeckt. Es ist beruhigend, wenn du weißt, dass er alle wichtigen Vitamine und Mineralien für seine Gesundheit bekommt.

2. Trainiere das Verdauungssystem deines Hundes, sodass er eine große Mahlzeit am Tag aufnehmen kann. Fasten ist für alle Tiere (und Menschen) etwas Natürliches und hält den Körper gesund. Der angenehme Nebeneffekt ist, dass du nur einen großen Hundehaufen anstatt drei kleine am Tag einsammeln musst.

3. Gönne deinem Hund eine Stunde Ruhepause nach dem Essen, bevor du etwas Anstrengendes mit ihm machst. Sonst besteht die Gefahr eines Magenvolvulus. Dieser kann schmerzhaft und riskant sein und erfordert sofortige tierärztliche Hilfe.

4. Nimm deine Mahlzeiten zur gleichen Zeit ein wie dein Hund. Ein Rudel, das zusammen isst, ist zufriedener.

5. Wende beim Essen deinem Hund den Rücken zu, damit er friedlich und entspannt bleibt. Alphas schauen anderen nicht beim Essen zu; das sendet eine falsche Botschaft.

6. Halte den Futternapf sauber und stelle ihn nicht auf den Boden, wenn keine Essenszeit ist. So gehst du aufmerksamer und sorgfältiger mit dem Napf um und bewahrst dir dabei deine entspannte Alpha-Kraft, weil du die „Ressourcen knapp hältst".

7. Wenn du deinem Hund sein Futter gibst, beanspruche es zuerst als einen „Kraftgegenstand". Sobald sich dein Hund vollständig untergeordnet hat, belohne ihn mit dem Futter.

Meditation

Ruhe während der Mahlzeiten

Dieses Meditationsritual zu den Mahlzeiten vertieft die Verbindung zu deinem Hund, und du entwickelst gleichzeitig eine entspannte Alpha-Kraft. Beginne mit der achtsamen Zubereitung deiner eigenen Mahlzeit. Achte auf Hungerimpulse oder Versuchungen, die du verspürst, während du dein Essen auf den Teller legst. Drapiere es so, dass es schön aussieht, als einen Akt der Selbstliebe. Stelle dann deinen Teller auf der Küchentheke zur Seite.

Schaue dabei deinen Hund an und halte den Augenkontakt einen Moment lang, blinzle anschließend oder gähne ein bisschen. Diese Abfolge der Kommunikation zeigt deinem Hund, dass du weißt, dass er dich beobachtet. Das soll bei ihm die Sequenz der Unterordnung aktivieren, wenn es um die Zubereitung des Essens geht.

Hunde fressen gerne im Rudel. Hebe den leeren Futternapf vom Boden auf. Dadurch wird dein Hund ruhig und ist vollkommen auf dich konzentriert. Fülle den Napf mit Leckerlis und stelle ihn wieder auf den Boden. Stelle dich direkt über den Napf aufrecht hin. Das ist dein Fokus, der deinem Hund signalisiert, dass diese Ressource dein Eigentum ist. Lasse deine Körpersprache jetzt weniger intensiv werden. Stimme dich auf die Gefühle deines Hundes ein. Wenn er mit dem Kinn auf dem Boden zu liegen kommt, sage: „Gut" und schiebe ihm den Futternapf zu.

Iss nun deine Mahlzeit, während dein Vierbeiner seine isst. Drehe ihm den Rücken zu, aber halte deine Ohren offen für ihn. Das ist die Meditation. Nichts anderes existiert in diesem Augenblick. Iss einfach nur deine Mahlzeit. Achte auf den Geschmack, auf die Beschaffenheit, den Geruch und das Aroma. Wenn du lernst, dich auf diese Dinge zu konzentrieren und gleichzeitig deinem Hund beim Fressen zuzuhören, wird sich ein innerer Frieden in dir breitmachen.

13

Das Einmaleins der Welpenzeit

In jungen Jahren erziehen

Joseph steckte in der Klemme. Er fand mich im Internet und nahm Kontakt zu mir auf. Vor zwei Monaten ging es ihm und seiner Frau Miriam noch blendend. Während sie bei einem Abendessen Miriams große Beförderung feierten, traf Joseph, der sich gerne von seinem Bauchgefühl leiten lässt, zwei spontane Entscheidungen, die Miriam von ganzem Herzen unterstützte. Als Erstes wollte er seinen langweiligen Schreibtischjob kündigen, von zu Hause aus arbeiten und endlich ein Onlinegeschäft starten, für das er schon eine Weile brannte. Als Zweites wollte er einen Welpen kaufen. Wenn Miriam jetzt länger im Büro arbeitete, hatte Joseph eine wunderbare Gesellschaft in dem Hund.

Einige Tage später kam Joseph mit Rambo nach Hause, einem acht Wochen alten Rottweiler-Welpen. Innerhalb weniger Wochen nach dem Erwerb des Hundes verwandelte sich die Hochstimmung des Paares jedoch schnell in ein „Oh weh!"-Szenario.

Als wir miteinander telefonierten, war Joseph sehr ruhig, seine Stimme jedoch leise und ohne jede Emotion. Er erzählte, wie die Nächte sehr anstrengend waren. Keiner tat ein Auge zu, nicht einmal Rambo. Erschwerend kam hinzu, dass das Training zur Stubenreinheit ebenso zu einem Albtraum geworden war. Joseph ertappte sich dabei, wie er Rambo anschrie, nachdem er wiederholt auf seine Tretminen aus Kot getreten war. Und der junge Rottweiler hatte mehrere Strumpfhosen, Arbeitsschuhe und Handtaschen Miriams zerkaut.

Ich spürte, dass ich ihnen mit ein paar einfachen, vernünftigen Ansätzen für die Welpenerziehung nach der Methode des entspannten Alphas das Leben erleichtern konnte. Deshalb sprang ich sofort in einen Flieger nach Brooklyn.

Sogar junge Hunde können uns etwas lehren

Ich fuhr mit meinem Mietwagen in die Einfahrt und sah, dass Joseph und Miriam in einem hübschen kleinen Bungalow wohnten. Auf dem Weg zur Eingangstür zählte ich mindestens sechs Pinkelpads, die wahllos über die Holzveranda verteilt lagen. Die meisten waren verschmutzt und vergilbt vom alten Urin der Vortage. Auf dem Holzboden waren auch einige Haufen des Welpen zu sehen.

Ich enthielt mich einer Bewertung, denn ich habe das schon so oft erlebt. Die Logik dabei geht in etwa so: Wenn man viele Pinkelpads als Zielscheibe hinlegt, wird dein Hund sie sicherlich treffen. In Wirklichkeit funktioniert das Training für Stubenreinheit überhaupt nicht so. Im Gegenteil, den Bereich nicht sauber zu halten vermittelt Rambo, dass die Veranda eine Latrine ist.

Bevor ich klingelte, küsste ich meine Finger und berührte die jüdische Mesusa am oberen rechten Türpfosten. Joseph begrüßte mich wenige Augenblicke später mit einem warmen Lächeln. Er trug eine schwarze Kippa aus Samt. Er hatte dicke Tränensäcke unter den Augen, und sein Atem roch nach schwarzem Kaffee. Miriam stand hinter ihm, mit verschränkten Armen. Ihre Zehen wippten nervös. Als sie mich begrüßten, schlug Miriam vor, ich solle meine Schuhe anbehalten, weil der Boden versaut war (eine Anspielung auf die vielen Kot- und Urin-Unfälle). Ich folgte ihnen in die Küche, wo mir eine zerpflückte Küchenrolle auffiel, die auf der Küchentheke lag. Sie befand sich auf der Kante, neben einer zerkauten Flasche Urinreiniger und einer Schachtel mit frischen Pinkelpads. Dieses Paar befand sich mitten in der intensiven Zeit der Welpentage, an die sich die meisten Hundebesitzer überhaupt nicht mehr erinnern.

Rambo lag mit dem Rücken zu uns auf dem Küchenboden. Er schnarchte tief und sah liebenswert aus, so wie er sich in dem warmen Fleckchen Sonne entspannte. Menschen und Tiere haben eine ganz eigene Beziehung zur Sonne. Wir neigen dazu, sie als Ursache für Hautkrebs zu fürchten, während die Natur sie verehrt, sich in ihrem Licht entspannt und sie als nährende und heilende Kraft nutzt. Ich bin sicher, Rambo hatte sich den Platz mit Absicht ausgesucht. Er gab ihm ein Gefühl der Behaglichkeit und der Ruhe. Der junge haarige Guru hatte uns bereits eine Lektion erteilt: Es wäre weise, die Sonne für ihre nährende Kraft zu verehren und ihr ein wenig Dankbarkeit entgegenzubringen.

Alles, was man über Stubenreinheit wissen muss

Ich brach das Eis, indem ich vorschlug, das Problem des Töpfchentrainings gleich anzugehen und es sofort zu bereinigen (das soll kein Wortspiel sein). Miriam grinste, und mit dem Eifer einer erfahrenen Rechtsanwältin fragte sie mich, wie ich das anstellen wollte.

Ich erklärte, dass Rambo Herrchen und Frauchen lediglich erfreuen wollte. Wir mussten ihm also vermitteln, wo sein Hundeklo sein sollte. Dafür wollten wir natürlich das Territorium festlegen und ein paar andere nonverbale Methoden anwenden, um dieses Kunststück fertig zu bringen. Ich wusste, dass das Töpfchentraining mit der nötigen Konsequenz und Präsenz innerhalb weniger Tage anschlagen würde.

Als Erstes schlug ich vor, ein klares Territorium für das Pinkeln und Koten des Hundes zu definieren (nicht die Veranda!). Ich empfahl einen Steingarten oder ein abgesondertes Fleckchen Erde im Garten, anstatt Rambo zu erlauben, sich irgendwo auf dem Rasen zu erleichtern. Die meisten Menschen wissen nicht um die vergilbende Wirkung von Hunde-Urin auf die Pflanzenwelt, bis es zu spät ist, das rückgängig zu machen.

Den Welpen gleich morgens, nach einem Nickerchen und ein paar Minuten nach einer Mahlzeit, zu dem vorgesehenen Ort zu tragen, ist der klügste und schnellste Weg, dieses Verhalten einzustudieren. In diesen Fällen kannst du damit rechnen, dass der Welpe innerhalb von einigen Sekunden nach dem Absetzen pinkeln wird. Wenn das geschieht, gib ihm ein liebevolles Zeichen (ein sanftes verbales Lob) und/oder ein stark motivierendes Leckerli, zum Beispiel ein Stück Käse, koschere Salami, etwas aus der Tierhandlung, und so weiter.

Dieses Verhalten ein paar Tage lang zu üben lehrt deinem Welpen, dass der Gang zur Toilette an diesem Örtchen eine Reaktion hervorruft, für die es sich lohnt zu agieren. Deshalb wird er dies jedes Mal wiederholen wollen.

Beherrschung des Territoriums

Nachdem du deiner Fellnase gezeigt hast, wo sie auf die Toilette gehen kann, ist der nächste Schritt, dein Territorium als entspannter Alpha zu beherrschen. Dies bedeutet, präsent zu bleiben und deinen Welpen genau in dem Moment zu erwischen, in dem er ein Missgeschick in der Wohnung macht. Betrachte Abbildung 16, um einen Eindruck von dieser Art nonverbaler Kommunikation zu erhalten. Sie ist einfach, aber sehr wirkungsvoll. Ich empfehle auch, die Methode mit den Pinkelpads (im Haus und auf der Veranda) abzuschaffen und die Methode der „Eingrenzung des Territoriums" anzuwenden.

Es war viel einfacher, Rambo eingesperrt in der Küche zu beaufsichtigen, als ihm freien Lauf im Haus zu lassen. Als er beweisen konnte, dass ihm einige Tage lang keine Missgeschicke passierten, belohnten wir ihn mit mehr Freiraum. War das nicht der Fall, erhielt er weniger Freiraum. Sein Territorium auf diese Weise anzupassen, sendet dem Welpen eine klare Botschaft: Mache mein Haus nicht schmutzig!

Wenn du die Orte besser wahrnimmst, die dir zum Ausruhen wichtig sind, baust du die Kraft eines entspannten Alphas immens auf. Der Grund dafür ist vielschichtig. Erstens zeigt es, dass dir das emotionale Wohlbefinden deines Rudels am Herzen liegt. Zweitens, und das ist vielleicht noch entscheidender, versetzt es dich in die Lage, vorausschauend zu handeln. Die Schnelligkeit und das Timing deiner Handlungen sind Botschaften.

Abbildung 16: Beherrschung des Territoriums

Wo immer du in deiner Umgebung sitzt, es sollte eine bewusste Entscheidung sein. Du solltest dich mit Absicht an einen bestimmten Platz niederlassen. Das ist es, was dein Hund auch tut.

Frage dich Folgendes: Kannst du das gesamte Territorium überblicken, wenn du dich ausruhst? Wenn nicht, erfüllst du aus Sicht deines Hundes nicht die Aufgaben eines entspannten Alphas.

Denke daran: Fenster, Türen und Flur sind die Zugänge zu deinem Territorium. Dies sind die Stellen, die nach Auffassung deines Hundes beobachtet werden müssen.

Mit Missgeschicken aus Kot und Urin umgehen, wenn sie passieren

Mit der Geheimsprache der Hunde können Töpfchen-Unfälle am schnellsten im Keim erstickt werden. Die folgende Methode beschreibe ich gerne als die „Guter Bulle/böser Bulle-Methode".

Doch Vorsicht: Achte auf die Beruhigungssignale des Welpen, damit du weißt, ob du im Einklang mit deiner energetischen Ausstrahlung bist. Bleibe präsent. Nimm deinen Hund in jedem Augenblick wahr, so als wärest du ein Adler, der den Wald von oben überwacht. Denke daran, dein Hund möchte nie von dir getrennt sein. Wenn er also irgendwann den Raum verlässt, muss er aller Wahrscheinlichkeit nach aufs Töpfchen, will aber nicht, dass du es merkst. Wenn du diesen Hinweis wahrnimmst, kannst du deinen Welpen nach draußen zum ausgewählten Örtchen bringen.

Wenn dein Welpe im Haus aufs Töpfchen geht und du ihn nicht auf frischer Tat ertappst, dann schäme dich! Hunde leben im gegenwärtigen Moment. Deshalb ist ein Wutausbruch, nachdem der Augenblick vorbei ist, unsinnig; es ist ein unproduktives Verhalten, das Angst erzeugt und gleichzeitig deine entspannte Alpha-Kraft schwächt.

Ein Adler kann sich im Sturzflug herunterlassen und Beute fangen, wenn diese es am wenigsten erwartet. Sei also wie ein Adler und fange deinen Hund in dem Moment ab, wenn er sein Geschäft im Haus verrichten will. Schnippe in dem Augenblick mit den Fingern oder mache ein konfliktträchtiges Geräusch, gefolgt von direktem Blickkontakt. Dieses Verhalten bezeichne ich als den „bösen Bullen". Die verbotene Körperhaltung kommuniziert ein klares Nein. Mache dir keine Sorgen oder denke, dein Welpe sei wütend auf dich. Vergiss nicht, Angst ist ein normales Gefühl, und Tiere beziehen sich anders darauf, als wir Menschen es tun.

Als Nächstes ergreife den Welpen, hebe ihn hoch und sende unmittelbar liebevolle Energie aus. Drehe seinen Kopf weg von deinem Gesicht, damit er ruhig bleibt und sehen kann, wohin du ihn trägst. Bringe ihn zu dem vorgesehenen stillen Örtchen im Freien und gehe das Ritual durch, auf ihn zu warten, bis er sein Geschäft verrichtet hat, ihn zu loben und so weiter. Diesen Schritt nenne ich den „guten Bullen". Damit ist die Kommunikationsanweisung für den Hund abgeschlossen. Dein Welpe hat nun zwei Dinge gelernt: Drinnen pinkeln ist schlecht, draußen pinkeln ist gut.

Der letzte Teil des Puzzles für das Töpfchentraining, und wahrscheinlich der schwierigste Teil in der Umsetzung, besteht darin, dem Hund einen gleichmäßigen Rhythmus vorzugeben und ihn einzuhalten. Da Joseph von zu Hause aus arbeitete, riet ich ihm, Rambo in den nächsten zehn Tagen pünktlich alle neunzig Minuten rauszubringen. Das ist mehr als genug Zeit, um einem Welpen das Töpfchentraining beizubringen. Ich war sogar ziemlich sicher, dass Joseph innerhalb von achtundvierzig Stunden erste Ergebnisse sehen würde.

Mit dem Kaubedürfnis eines Welpen umgehen

Joseph, Miriam und ich saßen bereits fast zwanzig Minuten am Tisch und besprachen das Töpfchentraining. Rambo verhielt sich so ruhig, dass ich ihn fast vergaß. Er schlief wie ein Baby. Als er endlich aufwachte, robbte er zu mir herüber und stupste mich mit seiner Nase am Knöchel, um mich zu begrüßen. Er ließ sich dann zwischen Miriams Füßen nieder und legte sich wieder hin. Er begann an Miriams Ledermokassins zu kauen, ein amüsantes Timing (für mich, nicht für meine Kunden), denn das war der perfekte Übergang zum nächsten Thema: Wie hält man Rambo davon ab, ihre Lieblingsstücke zu zerstören?

Bevor wir uns dem Wie zuwenden, sollten wir kurz das Warum verstehen. Welpen kauen auf Dingen herum, um sie zu erforschen, zu lernen und den Schmerz des Zahnens zu lindern. Wie wir in diesen Momenten reagieren, prägt das zukünftige Verhalten der Welpen. Reagieren wir beispielsweise mit Schreien oder Aufregung, verwandelt das das Zahnen schnell in ein wechselseitiges Spiel. Auf der anderen Seite würde ein selbstbewusstes Auftreten und die Anwendung von Alpha-Taktiken, um den Mokassin als Ressource (ein Kraftgegenstand) zu markieren, Rambo wirkungsvoll vom Kauen abhalten.

Sich auf diese Weise einem so jungen Welpen gegenüber durchsetzen zu wollen, flößt ihm unnötig Angst ein. Das ist erst angebracht, wenn der Hund etwa sechs Monate alt ist. Eine sanftere und effektivere Lösung für die Bedürfnisse des Welpen beim Zahnen ist es, einfach anzuerkennen, dass er diese Schmerzen hat. Miriams Schuhe, Strumpfhosen und andere Kleidungsstücke tragen den Duft der Liebe für Rambo; ihr Geruch zieht seine Aufmerksamkeit auf ihre persönlichen Sachen. Anstatt den Welpen die Schuld für das Zerkauen zu geben, schlage ich eine einfache Lockvogeltaktik vor.

Futterbeutel und Kauspielzeug aus Gummi, die mit Nahrung befüllt werden können, sind in der frühen Welpenzeit unerlässlich. Ich habe festgestellt, dass etwas Erdnussbutter oder Frischkäse in dieses Spielzeug geschmiert und dann eingefroren noch verlockender auf Hunde wirkt. Es hält länger, und die Kälte beruhigt ihr Zahnfleisch. Kauartikel wie Bullysticks, getrocknete Süßkartoffeln oder Elchgeweih-Kausnacks sind eine unwiderstehliche Ablenkung. Für zahnende Welpen wird ein sättigender Kausnack zu einer spielerischen Aktivität, bei der sie sich entspannen können und ruhig werden. Ich schlug Miriam vor, Rambo einen schmackhaften Kausnack anzubieten, wenn er sich das nächste Mal in ihren Sachen verbiss. Damit vermittelt sie: „Kau dies, nicht das." Innerhalb kurzer Zeit würde das Gesetz der Anziehung Rambo einfach zu der besseren Wahl führen.

Jeder Welpe kann durchschlafen

Miriam wusste, dass Rambo eines Tages zu einem etwa vierzig Kilo schweren Hund herangewachsen sein würde. Wer könnte es ihr verdenken, dass sie ihm ihr Bett nicht überlassen wollte? Das Wohnzimmer meiner Kunden glich mittlerweile dem Zimmer in einem Studentenwohnheim: Rambos Hundebox stand mitten im Raum, schräg zum Kopfende der Couch, die wie ein provisorisches Bett aufgebaut war. Der Wohnzimmertisch war überhäuft mit Josephs Schlafmitteln und Schaumstoff-Ohrstöpseln.

Miriam und Joseph wussten beide, dass das Schlafen auf der Couch nicht die beste Wahl für ihre Beziehung war, aber ein notwendiges Opfer, damit das Paar den dringend benötigten Schlaf nachholen konnte. Es schuff jedoch eine Distanz zwischen ihnen, die sie bislang nicht kannten. Die Romantik war völlig dahin; Grantigkeit und Gereiztheit waren die Folge.

Das Aufstellen von Regeln und Ansprüchen in Bezug auf das nächtliche Durchschlafen gehören ebenfalls zu den Aufgaben eines entspannten Alphas. Als Herrscher über dein Territorium liegt es an dir, deinem Hund mitzuteilen, wo er schlafen soll. Denke daran, dass es für einen Hund nicht unbedingt seinem Naturell entspricht, allein weg vom Rudel zu schlafen. Das erklärt teilweise, warum Rambo nachts wimmerte und winselte. Ein weiterer Grund liegt darin, dass Hunde über ihre Gefühle kommunizieren. Der clevere Welpe hatte bereits gespürt, dass Joseph ein wenig weichherzig war. Ein kleines Winseln veranlasste Joseph bereits, Rambo aus seiner Hundebox zu nehmen und ihn ins Bett zu lassen.

Ich riet Joseph dazu, wieder ins Schlafzimmer zurückzuziehen. Außerdem empfahl ich dem Paar, die Hundebox unter den Küchentisch zu stellen, wo Rambo bereits gezeigt hatte, dass er sich dort sicher fühlte. Meine Kunden fanden die Idee gut, machten sich allerdings Sorgen, weil sie glaubten, Rambo würde immer weiter winseln. Natürlich würde er weinen, bestätigte ich ihnen, aber er würde auch schnell aufhören, wenn er merkte, dass sie nicht die Treppe herunterkommen und ihn aus der Hundebox lassen würden. Ich bereitete meine Kunden darauf vor, zu der sanften Ferber-Methode für Welpen zu wechseln (ein Schlaftraining, das kleinen Babys beibringt, sich zu beruhigen, wenn sie von der Mutter getrennt sind).

Es ist wirklich wichtig, den Welpen mit deinen eigenen gewünschten Schlafgewohnheiten in Übereinstimmung zu bringen. Anstatt dich an einen heulenden Welpen zu gewöhnen, bleibe stoisch und erwarte, dass er sich dir anpasst. Denn das wird er, versprochen. Die Strategien eines entspannten Alphas stammen direkt aus der Natur. Und die Natur ist aus emotionaler Sicht oft erbarmungslos. Vögel werfen ihre Jungen aus dem Nest und viele andere Tierarten verlassen ihre Jungen aufgrund der rauen Lebensbedingungen oder des knappen Nahrungsangebots, um selbst überleben zu können. Daher ist es nicht so schlimm, deinem Hund zu zeigen, dass er in seiner Hundebox in der Küche schlafen soll, auch wenn das ein oder zwei Nächte des Wimmerns bedeutet und eine möglicherweise verunreinigte Hundebox.

Es gibt noch ein paar andere Möglichkeiten, deinem Welpen in dieser Phase mehr Leichtigkeit zu verschaffen und die Umstellung zu beschleunigen. Als Erstes gilt es, Wärme in die Hundebox zu bringen, als Zweites deinen Geruch. Eine heiße Wärmflasche, umwickelt mit einem deiner stinkenden T-Shirts, erfüllt normalerweise diesen Zweck. Als Drittes solltest du die Hundebox wie eine Höhle herrichten, indem du sie mit einer Decke abdeckst. Damit sich deine Ohren erholen können, kannst du rauschende Klänge oder Naturgeräusche abspielen, die wie ein natürliches Schlummerlied auf deinen Welpen wirken und ihn entspannen.

Um die Vorgehensweise für meine Kunden zusammenzufassen, riet ich ihnen, mit Rambo für eine Pinkelpause hinauszugehen, bevor sie selbst ins Bett gingen. Unabhängig von den Umständen forderte ich sie außerdem auf, Rambo die ganze Nacht in der Hundebox zu lassen. Morgens beim Aufwachen sollten sie ihn sofort aus der Hundebox holen und ihn zu seinem festgelegten stillen Örtchen bringen. Meine Kunden wollten es versuchen. Sie wussten, dass es ein oder zwei Nächte etwas chaotisch werden konnte, und zwar nicht nur im emotionalen Sinne. Aber sie freuten sich über eine schnelle Umstellung und die Erleichterung, die sie in ihrem Leben erfahren würden.

Transformation

Zwei Wochen später führte ich ein Videogespräch mit Joseph über ihre Fortschritte. Er war in der Küche, sein Gesicht wirkte geklärt, und das Weiße seiner Augen strahlte Klarheit und Ruhe aus. Offensichtlich hatten alle im Haushalt wieder Schlaf gefunden!

Nachdem wir uns begrüßt hatten, richtete Joseph den Bildschirm auf Rambo, damit ich ihn sehen konnte. Er war jetzt viel größer geworden und wachte gerade von einem Nickerchen in seiner Hundebox auf. Die stand, diskret eingehüllt in ein braunes Flanelltuch, getarnt unter dem Küchentisch. Joseph öffnete die Metalltür der Hütte ohne einen Laut. Mit entspannter Stimme sagte er: „Zeit fürs Töpfchen, Alter." Ein paar Augenblicke später hörte ich das Läuten einer Glocke. Sie hing an der Glasschiebetür, die in den Hinterhof führte. Raffiniert, dachte ich. Die Glocke war in der richtigen Höhe für Rambos Schnauze befestigt.

Ich sah, wie Rambo stolz hinter seinem Herrchen her trottete. Joseph war so zuversichtlich, dass er seinen Welpen nach draußen gehen ließ, während er in der Küche stehen blieb. Rambo setzte sich auf allen Vieren nieder. Er pinkelte auf ein Fleckchen Erde neben einem großen Baum in der Ecke des Gartens. „Braver Junge!" Joseph klatschte stolz, während er mit einer Dose getrockneter Leckerlis aus Leber klapperte. Das Geräusch, der Geruch und die liebevolle Stimme Josephs ließen Rambo zurück ins Haus galoppieren. Als er sich der Tür näherte, warf Joseph ein großzügiges Stückchen auf den Küchenboden, um den

Welpen richtig ins Haus zu locken. Ohne mit ihm zu sprechen oder ihn zu berühren, legte Joseph einen Bullystick auf den Boden. Rambo warf sich mit dem Bauch auf den Boden und legte eine Pfote auf seinen hochwertigen Kausnack. Dann nagte er sich in die Glückseligkeit.

Joseph dankte mir. „Jesse, deine kleinen Vorschläge haben uns wirklich auf den richtigen Weg gebracht. Rambo ist ein großartiger, ruhiger kleiner Kerl. Wir lieben ihn einfach." Dann zwinkerte er mir zu und meinte: „Miriam ist auch sehr dankbar. Wenn du das nächste Mal in der Gegend bist, musst du uns unbedingt besuchen."

Trainingstipps

Welpenzeit

1. Deinen Hund zu fixieren, während du beispielsweise darauf wartest, dass er pinkelt, sendet ihm eine gemischte Botschaft. Deine unbewusst eingenommene verbotene Körperhaltung suggeriert dem Welpen, dass er etwas falsch macht.

2. Als allgemeine Regel gilt, deinen Blickwinkel auf fünfundvierzig Grad auszuweiten. Diese Geste gibt deinem Hund Raum und Gelassenheit, um zu erkunden, zu spielen und auf die Toilette zu gehen. Betrachte dieses Verhalten als ein bewusstes Erzeugen der Schwingung der Ruhe. Dieses mit Absicht zu tun, stärkt deine entspannte Alpha-Kraft.

3. Befestige eine Glocke an die Tür, die du am häufigsten benutzt, wenn du mit dem Hund hinaus zum Pinkeln gehst. Irgendwann wird die Glocke läuten, wenn du es am wenigsten erwartest. Wenn du sie hörst, lobe deinen Welpen sofort und gehe mit ihm nach draußen.

4. Welpen haben ein starkes Kaubedürfnis. Akzeptiere es. Ein Kauspielzeug mit Erdnussbutter oder Frischkäse zu befüllen und einzufrieren, verwandelt das natürliche Bedürfnis zu kauen in eine unglaublich sättigende Aktivität für einen zahnenden Welpen. Bewahre ein paar davon im Gefrierfach auf, damit du bei Bedarf immer eins zur Hand hast.

Meditation

Die entspannte Alpha-Kraft pflegen

Bevor du mit dieser Meditation beginnst, sammle einige Kraftgegenstände, die der Welpe nicht zerkauen soll, wie zum Beispiel Schuhe, Socken, Strumpfhosen und so weiter. Lege sie in deinen Schoß, und nimm eine entspannte Position ein (auf einem Stuhl oder auf dem Boden). Achte auf den tiefsten Punkt deiner Ausatmung, und versuche, zehn Atemzüge bei der Ausatmung hintereinander zu zählen. Fangen wir mit einer Meditationsübung an, die dich zu einem „allsehenden" entspannten Alpha macht. Zumindest wird das dein Welpe denken, und mit dieser Macht kannst du Regeln und Grenzen in jedem Augenblick leicht festlegen.

Stehe langsam aus deiner Ruheposition auf. Laufe in Zen-Haltung in ein anderes Zimmer. Richte deine Aufmerksamkeit auf alle deine Sinne. Spüre deine Füße auf dem Boden, und bewege dich anmutig wie ein Panther. Schaue nicht zum Welpen zurück. Alphas schauen nie zurück. Stattdessen lausche einfach. Wie hört es sich an, wenn der Welpe aufsteht? Wenn er dir unweigerlich folgt, läuft er oder trabt er? Fokussiere deine Sinne auf die Dinge, die in deinem Territorium geschehen.

Laufe an einem Spiegel, Kühlschrank oder Fernseher vorbei, und lasse einen Kraftgegenstand fallen, ohne ihn anzuschauen. Laufe langsam weiter, aber beobachte den Welpen durch die Spiegelung. Wenn dein Welpe auch nur seine Nase daransetzt, drehe dich um und fixiere ihn. Du kannst die verbotene Körperhaltung in genau diesem Moment auf sanfte Weise einnehmen, aber unterschätze nicht ihre Wirkung. Achte auf ein Beruhigungssignal, drehe dich dann wieder nach vorne und laufe weiter. Beobachte den Welpen weiterhin über die Spiegelung. Übe dies ein paar Tage lang mit verschiedenen Kraftgegenständen. Dein Welpe wird bald glauben, dass du Augen am Hinterkopf hast und dass alle Kraftgegenstände durch dich hindurchfließen.

14

Kinder als entspannte Alphas

Stacey, eine Immobilienmaklerin in Michigan, war eine unendlich beschäftigte alleinerziehende Mutter. Dennoch stand sie jeden Morgen früh auf, um Frühstück für ihren zwölfjährigen Sohn William zu machen. Dann packte sie sein Mittagessen ein, während er mit dem stattlichen Husky, der Hündin Fang, noch vor der Schule Gassi ging. Nach der Arbeit kam Stacey nach Hause, machte das Abendessen und half William bei seinen Hausaufgaben. Als sie endlich William und seinen geliebten Husky ins Bett brachte (zusammen), fand sie noch Zeit für Sport, Meditation und ihr Tagebuch, bevor sie sich endlich in die Falle haute. Obwohl sie sehr beschäftigt war, war sie stolz darauf, einen unabhängigen Sohn zu erziehen, der sich verantwortungsbewusst und zuverlässig um ihren Hund kümmerte.

Stacey hatte die Trauer über den Verlust ihres Mannes verarbeitet und war endlich weitergegangen im Leben. Sie hatte sogar kürzlich einen wirklich netten Mann kennengelernt, den sie sehr mochte. Er hieß Ted und war Ingenieur in einer Automobilfirma. Er war ein absoluter Gentleman.

Sein einziger Nachteil war, dass er nicht gerade ein Hundenarr war. Teds erster Besuch im Haus war furchtbar. Da er einen guten Eindruck machen wollten, begrüßte er Fang überschwänglich an der Haustür. Eine totale Fehleinschätzung. Der weiße Husky knurrte laut und sprang ihm direkt an die Brust. Ted verließ das Haus entsetzt und verwirrt.

Stacey kontaktierte mich einige Tage später. Obwohl sie etwas aufgelöst war, war ihr klar geworden, dass es an der Zeit war, sich mit

Fangs Problemen auseinanderzusetzen. Ich war sofort gerne bereit, über die Grenze nach Michigan zu fahren.

Kinder, Empathie und Intuition

Mein Klopfen an der Haustür bei Stacey löste ein einziges tiefes Bellen aus. Ich fühlte mich dabei seltsam entspannt. Fang war völlig unaufgeregt bei ihrer Ankündigung durch ihr Bellen, sie wollte einfach ihrem Frauchen mitteilen: „Wir haben Besuch." Außerdem verrieten mir meine Ohren, dass der Hund weit von der Tür entfernt war. Ich spürte, dass er nicht auf die Eingangstür zustürmen würde, um sein Territorium zu verteidigen.

Einen Moment später öffnete sich die Tür.

„Hey, Jesse", begrüßte mich Stacey herzlich und bat mich herein. Sie trug eine tolle Halskette aus Zitrin, den Edelstein für persönliche Kraft und gesunde Abgrenzung. Ich hatte plötzlich ein gutes Gefühl für den Verlauf unserer Trainingsstunde.

„Fühle dich wie zu Hause", meinte Stacey, nachdem ich mich dabei ertappte, wie ich Huskyhaare von ihrer Kommode wischte, um meine Schlüssel dort abzulegen.

Meine Augen scannten ihr Revier. Der Holzfußboden war durch Fangs Krallen zerkratzt. Es lag auch eine endlose Menge an Hundeseilen zum Kauen herum, was logischerweise darauf schließen ließ, dass in diesem Flur viel gespielt wurde. Ich spähte ins Wohnzimmer und sah, dass William Fang an die Leine genommen hatte.

Die dünne Lederleine war stark abgenutzt und an einer leichten Maulschlaufe aus Nylon befestigt, die Fang über ihrer Schnauze trug. Obwohl sie in der schützenden Körperhaltung vor ihrem jungen Herrchen stand, hing die Leine durch und hatte keinen Zug. Fang wedelte schnell mit dem Schwanz. Ihr schneeweißes Fell und ihre hypnotisierenden grünen Augen sahen eindrucksvoll aus, aber es war ihre Energie, die sie majestätisch erschienen ließ. Sie war die reinste Ruhe und Liebe, zumindest in diesem Augenblick.

Wer sagt, dass Kinder keine entspannten Alphas sein können? Sie haben eine wundervolle Fähigkeit, ihre Aufmerksamkeit zu fokussieren und hauptsächlich im Flow-Zustand zu leben. Ihr Einfühlungsvermögen ist gut ausgeprägt. In vielerlei Hinsicht besteht die Arbeit eines entspannten Alphas darin, in der Gegenwart des Hundes wieder wie ein Kind zu werden.

Ich fragte William, ob er wisse, wie sich seine Hündin gerade fühle. Mit ruhigem Selbstvertrauen meinte er, sie sei aufgeregt und wolle mich kennenlernen. Auf dieses Stichwort hin winselte Fang und bewegte sich etwas vorwärts. Ich sah, wie William Mühe hatte, an seinem Platz stehen zu bleiben, aber es gelang ihm. Der Zug auf ihrer Leine verunsicherte ihn, also begann ich, ihn ein wenig zu coachen.

„Hunde bei Aufregung zu beruhigen funktioniert am besten mit Taten anstatt mit Worten. Fang will mich begrüßen, aber das macht sie ziemlich ungestüm. Deshalb hast du sie angeleint. Überlege dir ein Verhalten, das die Botschaft ‚Du begrüßt ihn jetzt nicht!' kommuniziert."

William schwieg, aber ich spürte, wie ihm ein Licht aufging. Er führte Fang weg von mir und ging in die Küche. Ohne dass ich es ihm beibringen musste, hatte er bereits eine Ahnung davon, wie man mit Kraftgegenständen umgeht (Dinge, die die Aufmerksamkeit des Hundes anziehen). „Ausgezeichnet", lobte ich William und entdeckte ein leichtes Lächeln bei ihm. Kinder sind so klug und im natürlichen Einklang mit ihren Hunden. Wenn wir lernen, ihnen ein paar grundlegende Aufgaben anzuvertrauen (wie Füttern, Trainieren und Ausführen), tun sie dieses mit mehr Konzentration, Gelassenheit und Mitgefühl als wir. Kein Wunder, dass Fang und ihr Herrchen so gut miteinander verbunden waren.

Der Kung-Fu-Finger, kombiniert mit dem Steißbein

William führte seinen Husky von mir weg, dieser war jedoch immer noch leicht erregt, weshalb ich folgenden Vorschlag machte: „Anstatt Fang zu ihrer Beruhigung zu streicheln, nimm deinen Zeigefinger und stelle dir vor, er sei ein Bleistift. Mit deinem Nagel drückst du dann sanft oben auf ihren Nacken. Das ist der sogenannte Kung-Fu-Finger."

Fang hatte diese Art der Berührung noch nie von einem Menschen gespürt. Sie blickte sofort zu William und wunderte sich, was er wollte. Sie bot ihm ein Lecken ihrer Schnauze an und ein nervöses Kratzen am Ohr mit ihrem Hinterbein.

„Cool. Nun ist sie auf dich fokussiert und nicht auf mich", sagte ich. „Für Fang fühlt sich der Kung-Fu-Finger wie der Zahn eines anderen Hundes an. Du kannst ihr damit in einem Moment wie diesem mitteilen, dass sie sich beruhigen soll. Diese Bewegung lässt sich in Befehle wie „Nein", „Bleib", „Stopp" und „Ruhig" übersetzen. Für Fang ist das eine völlig natürliche Erfahrung in ihrer Welt."

William brach sein Schweigen und fragte mich, was er als Nächstes tun solle. „Bewege deinen Kung-Fu-Finger von ihrem Nacken bis hin zu ihrem Steißbein", erwiderte ich. „Damit sagst du ihr, dass sie sich nicht vom Fleck rühren soll."

Der Druck von oben auf ihr Steißbein reichte aus, um Fang in die Sequenz der Unterordnung zu bringen. Innerhalb von Sekunden bewegte sie sich vom Stehen zum Sitzen und zum Liegen mit dem Kinn auf dem Boden. William streichelte intuitiv ihre Ohren und sagte ihr, sie sei ein braves Mädchen. Stacey war ziemlich beeindruckt von der Fähigkeit ihres Sohnes, seinen Husky mit Liebe und Respekt zu führen.

So weit, so gut, dachte ich.

Hunde und das innere Kind

„Du spielst gerne mit Fang und diesen Seilen, stimmt's?", fragte ich und zeigte auf eines der Seile am Boden. Williams Gesicht strahlte vor Begeisterung.

„Oh ja!", rief Stacey aus. „Das tun wir beide. So trainieren wir sie."

Gedanken erzeugen Gefühle, das Quantenfeld, in dem sich unsere Hunde instinktiv befinden. Plötzlich hob der gefühlvolle Husky seine Nase zum Himmel. Um die Begeisterung ihres Rudels umzuleiten, stieß sie ein niedliches Heulen aus, das sich in ein Gähnen verwandelte. Das Beruhigungssignal war der Versuch, sanft von ihrem Zustand der Gelassenheit in die plötzlich aufkeimende Freude überzuleiten. Was für ein Guru!

Nichts bringt das innere Kind des Menschen mehr zum Vorschein als das Spielen mit seinem Hund. Alle Hundebesitzer wissen das. Ich habe erwachsene Männer, Führungskräfte von ziemlich großen Unternehmen, beobachtet, wie sie sich auf der Hundewiese in siebenjährige Kinder verwandeln. Die Gefühle, die durch das Spielen hervorgerufen werden, sind ein direkter Weg in den Flow-Zustand (der genau das ist, was entspannte Alphas anstreben). Wobei die Spielstunde mit unseren Hunden oft einseitig und unbewusst abläuft und dadurch zu allen möglichen Verhaltensproblemen führt, die wir nicht berücksichtigen. Dazu gehören Springen, Beißen, Bellen und Kratzen. Ich nahm mir einen Moment Zeit, um mit dem Mythos aufzuräumen, dass das Spielen mit dem Hund im Grunde kein besonderes Trainieren ist.

Hunde haben unbegrenzte Reserven an körperlicher Energie. Sie können buchstäblich den ganzen Tag rennen! Deshalb bringt die physische Bewegung bei unseren Welpen selten den gewünschten Zustand der Ruhe, nach dem wir uns sehnen. Im Gegenteil, sie kann den Hund sogar noch mehr erregen. Das Spielen kann somit zu einer Einbahnstraße in die Übererregung werden. Das Beste am Spielen ist die Motivation, die es bei Hunden erzeugt. Wir können diese Motivation zum Spielen dazu nutzen, ihren Fokus zu schärfen. Das wiederum beruhigt sie deutlich. Unser emotionaler Zustand, unser Tonfall und vor allem die Grenzen, die wir beim Spielen setzen, machen uns als entspannten Alpha aus.

Ich fragte William: „Darf ich mal zuschauen, wie du mit Fang spielst?"

„Okey-dokey", antwortete er schüchtern.

William löste den sanften Kopfhalfter und ließ die Leine ruhig auf den Boden fallen. Der haarige Guru bewegte sich nicht vom Fleck. Fang blieb ruhig auf dem Boden liegen und konzentrierte sich auf ihr junges Herrchen, während er zu einem ausgefransten Seilspielzeug ging.

William stand in diesen Momenten mit Fang über seinen Kung-Fu-Finger in Verbindung. Durch sein gelassenes Verhalten hatte er entspannte Alpha-Kraft aufgebaut. Deshalb war Fang so relaxed. Sie blieb gelassen auf ihrem Platz liegen, als er wegging. Ich lachte in mich hinein und überlegte, was wohl als Nächstes passieren würde.

„Wer will spielen? Wer will spielen?" William piepste enthusiastisch in seinem vorpubertären, schrillen Tonfall.

Wie ich erwartet hatte, stürmte Fang kraftvoll auf ihn zu. Instinktiv hielt er das Spielzeug hoch über seinen Kopf, und der Husky sprang mehrere Male danach. William schien eine Art „Das kriegst du nicht"-Spiel mit seinem Hund zu machen. Ich zuckte zusammen.

„Okay, stopp!", rief ich aus. „Drehe ihr sofort deinen Rücken zu, lass das Spielzeug fallen und ignoriere sie."

Fang verstand die Botschaft, bevor meine Kunden sie realisierten. Einem Hund ruhig den Rücken zuzuwenden ist die sanfteste Art, ihm beizubringen, nicht mehr hochzuspringen. So würde es jedes Muttertier in der Natur tun, um sich langsam aus dieser Art aggressiver (und spielerischer) Energie herauszulösen. Elterntiere spielen mit ihren Jungen nicht so, wie wir es mit Welpen tun; es wird eine falsche Botschaft vermittelt. Elterntiere haben Autorität und Verantwortung. Das heißt nicht, dass sie nicht spielen; Elterntiere spielen und lehren gleichzeitig. Entspannte Alphas tun das Gleiche, auch wenn sie noch Kinder sind. Das ist die Verantwortung, die der Mensch in dieser Beziehung zum Hund hat.

Nachdem William Fang den Rücken zugewendet hatte, gähnte sie und machte einen Schritt zurück. Ihr Kopf war neugierig zur Seite geneigt, da sie spürte, dass etwas anderes im Gange war. Sie konzentrierte sich jedoch weiterhin auf das Spielzeug in Williams Hand.

„Drehe dich langsam um und wende dich dem Hund zu", forderte ich ihn auf. „Lege das Spielzeug zwischen deine Füße. Das ist die Position des Besitzanspruches. Gut so. Fixiere Fang jetzt einen Moment lang und warte", sagte ich.

Fang stöhnte und durchlief nochmals die Sequenz der Unterordnung. Wenn wir mit Kraftgegenständen so umgehen, wie es Hunde untereinander tun (indem sie die Position des Besitzanspruches über dem Gegenstand und die verbotene Körperhaltung einnehmen), geben unsere Hunde ganz natürlich nach. Das heißt nicht, dass sie traurig sind. Es bedeutet nur, dass sie unsere Autorität respektieren und wissen, sich zu ergeben.

„Ausgezeichnet", sagte ich. „Belohne dieses großartige Verhalten jetzt, indem du mit ihr spielst, aber in einer viel ruhigeren Art, um die neue Grenze zu festigen. Stelle dir eine Drei von Zehn auf einer „Erregungsskala" vor statt eine Zehn von Zehn."

William verstand meine Anweisung. Er setzte sich auf den Boden vor Fang und reichte ihre schweigend das Seil. Die beiden zerrten leicht hin und her. Zu oft neigen Menschen dazu, ihre Hunde beim Spielen zu sehr anzuregen. Kein Wunder, dass sie so hyperaktiv auf Staceys Freund Ted reagierte – sein Enthusiasmus war das, worauf Fang konditioniert war. Deshalb war sie natürlich auf ihn zu gerannt, hatte ihn angesprungen und gekratzt.

Transformation

Stacey und ich vereinbaren etwa drei Wochen nach meinem Besuch eine Follow-up-Videokonferenz. Das war mehr als genug Zeit für meine Kunden, die bewusste Gewohnheit zu entwickeln, mit Aufmerksamkeit zu spielen und zu lehren. Stacey war sehr dankbar für unsere Coaching-Sitzung. Fang den Rücken zuzudrehen, wenn sie erregt war, und ihren Fokus während des Spielens zu lenken, verwandelte den Husky in einen zutiefst gelassenen und fröhlichen Hund. William kam gerade von einem langen Spaziergang mit Fang nach der Schule zurück. Ich schaute zu, wie er den Kung-Fu-Finger auf ihr Steißbein drückte, damit sie sich sofort nach dem Betreten des Hauses hinsetzte. Er löste die Leine, hängte sie auf und befahl Fang „Bleib", während er langsam zu einem Seilspielzeug ging.

„Ist das Jesse am Computer? Schau mal her, Jesse", sagte William. „Ich verstecke dieses Spielzeug und fordere Fang dann auf, es zu suchen. Sie wird es mir bringen, und wir werden eine kleine Partie Tauziehen spielen." Ich strahlte neben Stacey vor Stolz.

Während der Junge und sein Hund leise im Hintergrund spielten, erzählte mir Stacey, dass Fang sich tatsächlich zu einem ruhigen Hund entwickelt hatte, dem man vertrauen konnte. Fang war nicht mehr „meistens majestätisch", sie war „umwerfend". Sie hatte sogar aufgehört, so viel zu haaren.

Ich erklärte, dass sich die Haut von Hunden zusammenzieht, wenn sie sehr erregt (oder nervös) sind und sie dadurch mehr haaren. Stacey erwiderte mit leiser Stimme, dass sogar Ted Fang jetzt gerne hatte. Er besuchte Stacey wieder öfter zu Hause und war sehr beeindruckt von Williams Fähigkeit, mit Fang umzugehen. Und das Beste daran? Wenn Ted Fang ignorierte, legte sie sich ihm einfach zu Füßen. Ich beendete das Telefonat mit einem breiten Lächeln.

Trainingstipps

Kinder und Hunde

1. Das Geschirr oder das Kopfhalfter geben Kindern viel bessere Kontrolle, wenn sie mit ihren Hunden spazieren gehen, besonders wenn es sich um mittelgroße oder große Rassen handelt.

2. Halte deinen Hund vom Springen ab, indem du ihm den Rücken zuwendest und aufrecht stehst.

3. Wenn Hunde aufgeregt sind, animiere deine Kinder dazu, mit ihnen durch stille Handlungen zu sprechen. Still wie ein Baum zu stehen und meinem Hund den Rücken zuzuwenden, hat sich bei mir gut bewährt.

4. Ermutige deine Kinder dazu, sich für das Wohlergehen des Hundes einzusetzen. Ihnen die Verantwortung für das Füttern und Ausführen des Hundes (unter Aufsicht) zu übertragen, fördert das Selbstvertrauen und die Selbstständigkeit der Kinder und sorgt gleichzeitig für Qualitätszeit mit ihrem Hund.

5. Der Kung-Fu-Finger kann verwendet werden, um Druck von oben auf das Steißbein des Hundes auszuüben. Dies leitet die Sequenz der Unterordnung beim Hund ein. Verwende diesen nonverbalen Befehl, um deinen Hund zu beruhigen oder ihn an Ort und Stelle zu verankern. Streicheln oder Loben darfst du ihn erst, wenn er vollkommen entspannt ist.

6. Achte auf deine Energie, wenn du mit dem Hund spielst. Ist sie möglicherweise der sichere Weg, um den Hund in einen erregten Zustand zu versetzen?

Meditation

Telekinetische Verbindung mit deinem Haustier

Schnappe dir ein paar Tennisbälle und setze dich auf den Boden neben deinem Hund. Lege das Spielzeug vor dich hin, und nimm eine abgewandelte Position des Besitzanspruches ein. Atme ein paar Mal, um dich zu erden, und lenke deine Aufmerksamkeit auf ein Gefühl des „Geatmet-Werdens". Lasse deine Sitzhöcker in den Boden sinken. Rieche die fusselige Oberfläche der Tennisbälle. In einer sanften und freudigen Stimme rufe deinen Vierbeiner. Lobe ihn für sein Kommen und werde dann wieder still.

Hebe einen Ball auf und betrachte ihn. Konzentriere dich auf die Erinnerung an ein Spiel mit deinem Hund. Visualisiere es deutlich und halte diesen Fokus zehn Sekunden lang. Dein Bewusstsein erzeugt Wellen der Begeisterung. Nutze sie, und lade deinen Hund auf ruhige Weise zum Spielen ein. Fordere ihn auf, sich hinzulegen, oder verwende den Kung-Fu-Finger auf dem Steißbein, damit er die Sequenz der Unterordnung durchläuft. Sobald er sich hingelegt hat, belohne ihn mit einem Spiel, indem du ihm einen Tennisball sanft zurollst.

Verschmelze nun mit der Empfindung deines Hundes, wenn er den Ball empfängt. Spüre, wie stark er Freude empfindet. Dafür braucht er nicht mit Vollgas zu spielen. Erlaube deinem Hund, alles mit dem Ball zu machen. Entweder er lässt ihn fallen, rennt damit weg oder rollt ihn dir zurück. Bleibe einfach still und konzentriere dich auf deinen Atem. Wenn dein Hund nicht mehr auf den Ball fokussiert ist, nimm einen anderen und schaue ihn an. Konzentriere dich wieder auf eine lebendige Erinnerung und wiederhole die obige Abfolge. Mit der Zeit kannst du vielleicht deinen Hund darin trainieren, dass er sich dir gegenüber hinlegt und den Ball mit dir hin und her rollt.

Nachwort

Wenn ich neue Menschen im gesellschaftlichen Umfeld kennenlerne, kommt das Thema Beruf oft zur Sprache, weil man damit das Eis auf natürliche Weise brechen kann. Meine Antwort lautet normalerweise: Im Herzen bin ich Unternehmer, lehre aber ebenso gerne Achtsamkeit und Meditation und arbeite als Profi-Hundetrainer.

Die Leute halten dann erst einmal inne, um diese ungewöhnliche Kombination von Interessen zu verstehen. Ich habe es jedoch geschafft, meine Leidenschaften zu einer aufregenden beruflichen Laufbahn zu verbinden. Nach einem Moment des Schweigens taucht fast immer die gleiche Frage auf: Welche ist meine Lieblingshunderasse?

Es klingt nach einer einfachen Frage, doch tief in meiner Seele konnte ich sie früher unmöglich beantworten. Um ganz ehrlich zu sein, musste ich bei dieser Art der Frage jedes Mal zusammenzucken. Dann stieg Wut in mir auf. In der Tat, ein entspannter Alpha kann Ärger empfinden, es kommt nur darauf an, wie er ihn umwandelt und wie er sich als Nächstes verhält.

Dieses Gefühl bewegte ich lange Zeit in meinen Meditationen. Ich wollte an die Wurzel meiner starken Gefühlsreaktionen auf diesen scheinbar harmlosen Auslöser vordringen. Die Antwort schließlich gefunden zu haben – dass der Anlass für die Frage die Neugierde war (ein natürlicher Zustand aller Lebewesen) –, besänftigte mich.

Diese nächste Frage stelle ich nie, ich finde sie jedoch wichtig in dem Zusammenhang, den ich jetzt erläutern will: Würdest du jemals einen Arbeitgeber fragen, welche „Menschenrasse" er am liebsten einstellen würde? Vielleicht hätte man das vor ein paar Hundert Jahren getan, aber die Welt hat sich weiterentwickelt und erkennt die Absurdität dieser

Frage. Deshalb werde ich nicht weiter darauf eingehen, ich möchte nur sagen, dass alle Menschen unabhängig von Rasse, Herkunft, Religion und Glaubenssystem eine Seele haben. Und alle Seelen stammen von der gleichen Energiequelle, nämlich von unserem geliebten Universum. Das ist meine aufrichtige Meinung dazu.

Ich hatte die Gelegenheit, mit Tausenden von Hunden zu arbeiten, doch habe ich das Gefühl, nur die wenigsten aller Rassen auf diesem Erdball zu kennen. Unabhängig davon habe ich eine Antwort gefunden, die ich gerne teile, auch wenn sie vielleicht eine unerwartete ist. Mein Lieblingshund geht über die Rasse hinaus. Ich liebe die „zweite Wahl" sehr. Sie kann ein Straßenköter sein, ein Hund aus einem Tierheim oder ein wertvoller Standardpudel, der ein neues Zuhause braucht. Es ist das, was in ihnen steckt und wie sie reagieren, was sie zu meinen Lieblingshunden macht.

Diese Hunde bringen unerkannte Traumata aus ihrem vorherigen Leben mit und sind oft übermäßig sensibel und ängstlich. Im Allgemeinen neigen sie dazu, kein Vertrauen in die Menschen zu haben, und so stellen sie eine äußerst lohnende Erfahrung dar. Wenn man sich ihnen zu schnell nähert (oder manchmal sogar überhaupt nähert), kauern sie sich zusammen oder laufen weg. Wenn man sie streicheln will, verstecken sie sich unter der Couch oder versuchen ohne Vorwarnung, nach einem zu schnappen. Das sind meine Lieblingshunde, weil sie meine besten Lehrmeister sind. Mit ihnen zu arbeiten erfordert ein erhöhtes Maß an Einfühlungsvermögen, aber wenn man ihre Angst auflöst, ihr Vertrauen gewinnt und dann ihre Liebe spürt, will man diese Erfahrung immer wieder machen.

Diese „zweite Wahl" lehrte mich, wie ich meinen Körper im Raum beherrsche, wie ich mich ohne irgendwelche Erwartungen intensiver einstimmen und extrem geduldig bleiben kann. Die Geheimsprache der Hunde ist ausgesprochen kraftvoll. Sie ist das Einzige, was ich für die Kommunikation mit dieser Art Hunde einsetze. Bei meiner Arbeit mit ihnen lerne ich diesen Kommunikationsstil immer besser zu beherrschen. Meine Empathie für diese Hunde vertieft sich dabei im gleichen Maße.

Wie eine Blume, die sich zur Sonne streckt, ist der Moment, in dem mir ein Hund wie dieser sein Vertrauen schenkt und eine Bindung zu mir aufbaut, unbezahlbar. Es macht mich überglücklich, wenn es der Hund schafft, seinen Schutzwall zu durchbrechen und seinen natürlichen Zustand der Freude zu erleben. Obwohl ich keine hoch entwickelten Messgeräte außer meinem Herzen habe, bin ich mir sicher, dass das Maß der Liebe dieser Hunde sehr hoch ist, da es in starkem Kontrast zu dem steht, was sie vorher erlebt haben.

Ein System und ein Vokabular für die Geheimsprache der Hunde zu entwickeln ist nur möglich aufgrund des Bewusstseinswandels, den unser Planet Erde und seine Bewohner derzeit erfahren. Meiner Meinung nach tritt die Menschheit in das Zeitalter des erhöhten Bewusstseins ein. Meine Vision ist es, dass die Menschheit zum Hüter der Erde und all ihrer Geschöpfe wird.

In meinem eigenen Leben habe ich die Geheimsprache der Hunde nutzen können, um mich auf unvorstellbare Art und Weise mit der Natur zu verbinden. Eines Morgens trainierte ich im Park und ertappte mich dabei, die Beruhigungssignale von Eichhörnchen zu deuten. Ich zeigte ihnen ein paar Gesten, und zwei junge Eichhörnchen kamen auf mich zu. Ich beschloss, mich auf eine Bank zu setzen, etwas Sonne zu tanken und zu meditieren. Stelle dir meine Überraschung und mein Entzücken vor, als ein Eichhörnchen auf meinen Fuß sprang und es sich dort fast zehn Minuten lang gemütlich machte.

Da das kollektive Bewusstsein unserer Spezies weiter zunimmt, ist meine Vorhersage, dass sich wilde Tiere dem Menschen langsam öffnen und auf neue und freundliche Weise mit uns interagieren werden. Sie spüren unser Wohlwollen und bauen allmählich eine Beziehung zu uns auf. Den Samen dieser Vorstellung säte ich vor ein paar Monaten bei meinem Vater. Und kaum zu glauben, die Rehe aus dem Wald näherten sich meinem Vater einen Monat später. Jetzt kommt eine Mutter mit ihren Jungen jeden Tag vorbei. Sie nimmt die schützende Körperhaltung ein, und so warten sie alle, während mein Vater Äpfel aufschneidet und sie ihnen aus der Hand füttert.

Es ist mein größter Wunsch, dass dieses Buch Menschen hilft, das Geheimnis zu lüften, das sich hinter den emotionalen Verhaltensweisen ihrer Hunde verbirgt. Wenn du nämlich nur das kleine Stück negativer Energie aus dem täglichen Leben entfernst, kann das dein Wohlbefinden langfristig enorm steigern. Es ist diese Belohnung, die mich motiviert.

Ich danke dir, dass du mein Buch gelesen hast. Mögest auch du bald der entspannte Alpha werden, den dein Hund liebt, braucht und achtet.

Anhang

Liste der Abbildungen

Zusammenfassung der Trainingstipps

Zusammenfassung der Meditationen

Weiterführende Literatur

Chopra, Deepak: *7 Spiritual Laws of Success: A Practical Guide*. San Rafael, CA: Amber-Allen Publishing/New World Library, 1994. (Deutsch: *Die sieben geistigen Gesetze des Erfolgs: Eine präzise und prägnante Anleitung für jeden, der seine Träume im Leben verwirklichen will.* 14. Aufl. Allegria 2004)

Dispenza, Joe: *Becoming Supernatural*. Carlsbad, CA: Hay House Inc., 2017. (Deutsch: *Werde übernatürlich: Wie gewöhnliche Menschen das Ungewöhnliche erreichen.* KOHA 2017)

Easwaran, Eknath: *The Bhagavad Gita*. Tomales, CA: Nilgiri Press, 2007. (Deutsch: *Bhagavadgita: Der Gesang Gottes*. Goldamann 2002)

Hicks, Esther and Jerry. *The Law of Attraction*. Carlsbad, CA: Hay House Inc., 2006. (Deutsch: *The Law of Attraction: Das kosmische Gesetz hinter THE SECRET*. Allegria 2009)

Horowitz, Alexandra: *Inside of a Dog: What Dogs See, Smell, and Know*. New York: Scribner, 2010. (Deutsch: *Was denkt der Hund? Wie er die Welt wahrnimmt – und uns.* Spektrum Akademischer Verlag 2010)

Kilcommons, Brian and Sarah Wilson: *Good Owners, Great Dogs*. New York: Grand Central Publishing, 1999.

Millan, Cesar: *Be the Pack Leader: Use Cesar's Way to Transform Your Dog ... and Your Life*. New York: Crown, 2008. (Deutsch: Du bist der Rudelführer: Wie Sie die Erfahrungen des Hundeflüsterers für sich und Ihren Hund nutzen. 2. Aufl. Goldmann 2013)

Owens, Paul: *The Dog Whisperer: A Compassionate, Nonviolent Approach to Dog Training*. 2. Aufl. Holbrook, MA: Adams Media, 2007. (Deutsch: *Der Hundeflüsterer*. Kosmos 2005)

Rugass, Turid: *On Talking Terms with Dogs: Calming Signals*. 2. Aufl. Wenatchee, WA: Dogwise Publishing, 2005.

Über den Autor

Foto: Neal Matyas

Jesse Sternberg ist Achtsamkeitslehrer, Meditationsausbilder und professioneller Hundetrainer; er arbeitet seit über dreißig Jahren mit Tieren. Sternberg bietet private Trainings, Workshops und Kurse über achtsames Hundetraining und die Geheimsprache der Hunde in ganz Nordamerika und online im Netz an.

Für weitere Informationen besuche: **www.peacefulalpha.com**